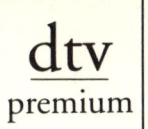

dtv
premium

Wolfgang Schmidbauer

Persönlichkeit und Menschenführung

Vom Umgang mit sich selbst
und anderen

Deutscher Taschenbuch Verlag

Von Wolfgang Schmidbauer
ist im Deutschen Taschenbuch Verlag erschienen:
Die einfachen Dinge (36308)

Originalausgabe
März 2004
© Deutscher Taschenbuch Verlag GmbH & Co. KG,
München
www.dtv.de
Umschlagkonzept: Balk & Brumshagen
Umschlaggestaltung: Stephanie Weischer unter Verwendung
einer Fotografie von © Getty Images / Tim Flach
Satz: Fotosatz Reinhard Amann, Aichstetten
Gesetzt aus der Sabon 10,5/12,75˙ und der Syntax
Druck und Bindung: Kösel, Kempten
Gedruckt auf säurefreiem, chlorfrei gebleichtem Papier
Printed in Germany · ISBN 3-423-24390-2

Inhalt

Einleitung

Die Fähigkeit, einen Menschen dazu zu bringen, dass er ein gemeinsames Unternehmen mitträgt, ist für den Lebenserfolg von zentralem Wert. Sie bestimmt, was in der Erziehung von Kindern gelingt oder misslingt, sie entscheidet darüber, ob Freundschaften oder Liebesbeziehungen glücken oder scheitern. Wenn ein Unternehmer Erfolg hat, ein Manager seine Ziele verwirklicht, ein Arzt seine Patienten dazu bringt, gesünder zu leben, oder ein Berater einem Klienten helfen kann, hängt das in erster Linie von Führungsqualitäten ab. Grundkompetenzen, einen Mitmenschen anzusprechen und ihn »zu bewegen«, sind in jeder Form wirtschaftlicher Interaktion – vom Tauschhandel bis zum Bankgeschäft –, in jeder Spielart von Erziehung, Erwachsenenbildung, Training und Therapie unerlässlich.

Entsprechend vielfältig und verwirrend sind die Ratschläge, die auf diesem Gebiet erteilt werden, die Fortbildungen, die Konzepte. Es erscheint aussichtslos, eine Zusammenfassung zu versuchen, und vermessen, ohne diese einen neuen Vorschlag zu entwickeln.

Dennoch will ich genau das versuchen. Ich erlebe in meiner Arbeit mit Problemfällen in Beratung, Therapie, Coaching und Supervision, dass es viel mehr an Basiswissen fehlt als an elaborierten Modellen. Meine Betrachtungen gehen davon aus, dass bereits einfache Beziehungsaufgaben den einen Menschen ängstigen und hemmen, während der andere sie zuversichtlich angeht. Sich auf die Ebene *vor* dem hilfreichen Rat zu begeben, scheint mir daher wesentlicher zu sein als dieser selbst. Nennen wir sie die Ebene des Narzissmus, des Selbstgefühls.

Menschen mit gestörtem Selbstgefühl verwickeln sich in Beziehungsprobleme, die für normale Personen schwer nachzu-empfinden und zu beurteilen sind. Noch undurchschaubarer sind Interaktionen zwischen Personen, die sich – oft wie magnetisch angezogen – gefunden haben, weil sie beieinander Störungen des Selbstgefühls kompensieren. Hier ergibt sich oft eine Beziehung, die zunächst besonders innig wirkt. Aber sie ist in ihren Entwicklungsmöglichkeiten und in ihrer Belastbarkeit eingeschränkt und zerbricht oft dramatisch, schmerzhaft und mit Eruptionen von Rachsucht, wenn scheinbar banale Konflikte auftreten.

Selbstgefühlsprobleme sind das zentrale Hindernis, um jene Aufgabe professionell durchzuführen, die in modernen Unternehmen immer wichtiger wird: eine Gruppe von Menschen so zu führen, dass sich Synergien entfalten. Synergie bedeutet, dass die gemeinsame Leistung alle Einzelleistungen übertrifft. Wenn ich zehn Äpfel in einen Korb lege, sind sie so schwer wie die Summe von zehn einzelnen Äpfeln. Wenn diese Äpfel eine Synergie in Bezug auf ihr Gewicht entfalten könnten, würde der Korb plötzlich schwerer.

Wenn ein Therapeut es sich leisten kann, den Helfer-Nimbus abzulegen, hat seine Arbeit enge Beziehungen zu dem, was ein Manager an Menschenführung leisten muss: Kreativität in unternehmerischer Hinsicht ist schließlich nur die eine Seite seiner Arbeit; die andere hängt damit zusammen, Menschen zu begeistern, dass sie etwas leisten, das sie sich bisher nicht zugetraut haben. Mittelmäßige Manager meinen, sie könnten diesen Aspekt ihrer Arbeit durch Auslese erledigen: Wer nicht tut, was er ihrer Ansicht nach tun muss, ist eben nicht geeignet und wird gefeuert. Da die Umstände häufig solche rauen Methoden nicht dulden, kann man in ihrem Selbstgefühl überforderte Leiter häufig an dem Vorwurf erkennen, den sie in Gesicht, Haltung und Rede verkörpern. Die Menschen, die sie führen sollen, sind nicht so engagiert wie sie und ihrer nicht würdig.

Der Aufbau des Buchs spiegelt die unterschiedlichen Arbeitsfelder des Autors: Training, Selbsterfahrung, Supervision, Coaching und Psychotherapie. Wo immer ich die Möglichkeit hatte, habe ich versucht, Manager und Helfer in Lerngruppen zusammenzubringen. Ich genoss es immer wieder, Zeuge eines Austauschs zwischen den Kulturen der »Macher« und der »Fühler« zu sein, wie ich diese Gruppen in einem früheren Text typisiert habe. Ich hatte auch den Eindruck, dass beide Kulturen voneinander lernen können. Die Manager neigen zur Hau-Ruck-Mentalität und zu schnellen, oft pseudoübersichtlichen Lösungen; die Helfer zögern lange, sind oft verliebt in ihre eigenen Leiden (werben zumindest mit ihnen um Aufmerksamkeit). Anderseits packen Manager Dinge an und wissen genau, dass keine Entscheidung oft die schlechteste Entscheidung ist; Helfer hingegen können durch ihre Geduld und ihre Bereitschaft, sich auch für Irrtümer und Emotionen zu interessieren, verfahrene Situationen auflösen und Entwicklungen einleiten, die ohne solche Qualitäten nicht geschehen können.

So hat die Begleitung und Anleitung angehender Therapeuten, Gruppenleiter und Berater viele Gemeinsamkeiten mit dem Coaching von Managern. Immer wieder geht es darum, die professionelle Aufgabe klar herauszuarbeiten und sie von persönlichen Kränkungen, von Ansprüchlichkeit und Angst zu trennen. Das kann nur in einem kooperativen Klima geschehen, in dem Anleiter und Angeleitete bereit sind, voneinander zu lernen, sich aufeinander einzustellen und einander in jener Form zu bestätigen, die dem professionellen Auftrag dient. Das heißt konkret, sich weder zu idealisieren noch sich zu entwerten, sondern in jeder Situation nach dem differenzierten Bild der beruflichen Realität zu suchen, die immer aus erwünschten und unerwünschten Anteilen gemischt ist. Jede Intervention und jede unternehmerische Entscheidung haben ihre Schattenseiten. Diese zu sehen und mit ihnen umzugehen, ohne den Mut zu verlieren, unterscheidet professionelle Arbeit von naivem Anspruch.

Führung und Narzissmus

Für viele Außenstehende ist die Führung eines Unternehmens eine vor allem von den zweckrationalen Gesichtspunkten der Ökonomie diktierte Aktivität, die den Individuen nur geringe Spielräume belässt. Solche Vorurteile befestigen Karikaturen von Kapitalisten, die wie Honigameisen mit ihrem Geldsack verwachsen sind, der hundert Mal mehr Masse hat als ihr Gehirn. In der Konsumgesellschaft, in der die höchsten Umsätze mit Dingen gemacht werden, die keiner wirklich braucht, hat dieses Bild seine nostalgischen Qualitäten. Es erspart Denkarbeit und lenkt von Gegebenheiten der Moderne ab, die vielleicht noch bedrohlicher sind als der historische Kolonialismus und die Zwänge der Kapitalvermehrung: die Unüberschaubarkeit der enorm dynamisierten Märkte, der Umweltfragen und der sozialen Probleme, die viele Lösungen als Flickwerk erscheinen lässt und uns einer Welt aussetzt, deren Risiken wir nicht mehr im Griff haben.[1]

Was heute einen Bedarf nach psychologischer Klärung von Führung in der Wirtschaft weckt, sind Beobachtungen von krassen Fehlern großer Unternehmen, die an sich die besten Möglichkeiten hätten, fähige Manager auszuwählen. So als hätte der Kapitän der Titanic den Eisberg gesehen und direkt auf ihn zugehalten.

Warum man Leiter wird

Um den Gefahren der Pathologisierung entgegenzuarbeiten, sollten wir diese Frage eine Weile umgekehrt diskutieren. Warum werden so viele Menschen *nicht* zu Managern, sondern geben sich mit *weniger* zufrieden? An sich ist der Wunsch, nach oben zu kommen, eine ebenso allgemein menschliche Neigung wie der Egoismus. Auf der anderen Seite ist die menschliche Kultur darauf angewiesen, dass es Matrosen und Kapitäne gibt, und sie muss Mechanismen ausbilden, zwischen beiden Gruppen zu unterscheiden. Diese Mechanismen sind vielfältig, aber ihr Grundprinzip ist meist, dass uns allen *Hemmungen* unseres Egoismus und unseres Ehrgeizes anerzogen werden. Gerade behüteten Kindern sozial engagierter Eltern wird vermittelt, dass es nicht gut ist, die eigenen Größenfantasien an die Realität heranzutragen. Das bescheidene Kind wird gelobt, das unbescheidene getadelt. Wer andere nicht durch seine Geltungsbedürfnisse unter Druck setzt und stört, erhält mehr liebevolle Aufmerksamkeit als der lästige Schreier, der möchte, dass sich alles um ihn dreht.

An dieser Stelle ist es auch möglich zu erkennen, wie sehr sich soziale Faktoren in jenen Prozess der scheinbaren »Vererbung« von Führungseigenschaften einmischen, mit dem die traditionelle Gesellschaft erklärte, weshalb es sozusagen von Natur aus Mächtige von »edlem Blut« und Unterworfene gibt. Tatsächlich hat ein Kind, das als Sohn eines Mächtigen heranwächst, viel weniger Anlass, seine ursprüngliche Grandiosität zu mildern und zu mäßigen. So wird es, wie etwa von Alexander »dem Großen« schon in einer Kindheitsanekdote berichtet wird, unbescheiden bleiben und allenfalls fürchten, dass der Vater ihm nichts mehr zum Erobern übrig lässt.

Allerdings gibt es viele Fälle, in denen gerade die Kinder erfolgreicher Unternehmer »missraten«. Genauere Beobachtung enthüllt dann häufig eine mühsam kompensierte Störung bei den Eltern, die dazu führt, dass sie ihre Kinder übermäßig kontrollieren. Die Eltern verlangen, dass die Kinder ein ganz bestimmtes Bild erfüllen, das Unsicherheiten der Eltern ausgleicht. In einer solchen Erziehung gibt es keine kleinen Probleme mehr wie Schulschwänzen, Ungehorsam, eine Lüge, sondern nur Katastrophen, bei denen die Eltern mit ihren Kindern schlechter umgehen als mit jedem Hilfsarbeiter in ihrem Betrieb. Bei diesem würden sie vermutlich, wenn er einen Fehler macht, in ihrer Reaktion abschätzen, wie viel er ihnen trotz dieses Fehlers nutzt, ehe sie ihn vollständig entwerten. Angesichts nahe stehender Menschen können narzisstisch gestörte Personen diese einfache Güterabwägung nicht mehr vollziehen: Wer nicht dem idealisierten Bild entspricht, ist für sie erledigt.

Seit den Entwicklungen der Neuzeit, angestoßen von der Renaissance und vollendet in den bürgerlichen Revolutionen, bestimmen die Individuen nicht mehr durch Geburt, sondern durch Geschick und Leistung ihren Platz in der Gesellschaft. So ist die allseitige Rivalität als Prinzip möglich geworden. Der Mensch ist des Menschen Wolf. Gegen diesen rufen die Staatstheoretiker der Neuzeit den ›Leviathan‹[2] auf den Plan, der diese Neigungen des Einzelnen zur Expansion eingrenzen muss. So wird Führung zu einer doppelten Aufgabe: Wer sie beansprucht, muss einerseits sich selbst verwirklichen, andererseits seinen Platz im sozialen Organismus behaupten. Ohne die erste Qualität bleibt er ein Rädchen im Getriebe; ohne die zweite wird er bestenfalls ein Räuberhauptmann.

Schrankenloser Ehrgeiz, Selbstüberschätzung und die Neigung, alle Mitmenschen, welche dem eigenen Ego nicht huldigen, für entweder töricht oder neidisch zu halten, sind keine späten Entgleisungen eines ursprünglich guten und bescheidenen Menschenkindes. Am Beginn des Lebens steht nicht der bescheidene Bürger, sondern der Großtyrann. Das Kind ist einerseits der kleine Wilde, der am liebsten alles beherrschen und jeden, der ihn einschränkt, sogleich vernichten würde. Andererseits muss es, um die Liebe der nährenden Mitmenschen zu behalten, sich diesen anpassen und sich mit ihnen identifizieren. Bescheidenheit, Rücksichtnahme, Verständnis für andere Positionen als die eigene beruhen auf komplizierten Anpassungs-

und Einsichtsprozessen. Als tiefere Schicht bleibt unter ihnen die archaische Grandiosität erhalten. Sie kann, wenn sie unbewusst bleibt und nicht in einer bewussten Auseinandersetzung verarbeitet wird, jederzeit das vernünftige Ich übertölpeln.

Wenn ein Mensch sich mehr Macht und Einfluss wünscht, als das andere tun, dann kann dieses Motiv verschiedene Wurzeln haben. Um die Entgleisungen und die Torheiten der Mächtigen besser zu verstehen, ist es sinnvoll, diese Wurzeln einzeln zu betrachten.

Eine erste ist, wie wir aus dem Vorangehenden ableiten können, die ursprüngliche narzisstische Grandiosität, die unter manchen Familienumständen besser erhalten bleibt als unter anderen. Ein Kind, das Verständnis für seine Machtfantasien erlebt, das nicht durch tiefe Kränkung, sondern behutsam auf die realen Schranken gegen ihre Verwirklichung hingewiesen wird, kann sein Selbstbewusstsein besser aufrechterhalten als ein zur Bescheidenheit beschämtes oder geprügeltes. Ein von grundsätzlich liebevollen, jedoch ängstlichen Eltern zur Bescheidenheit gedrilltes Kind wird Mühe haben, sich später von den Fesseln zu befreien, die seiner Expansion und seinem Selbstbewusstsein angelegt wurden.

Am problematischsten erscheint eine Entwicklung, die sich sehr häufig bei der Analyse seelisch gestörter Führungskräfte ergibt. Hier ist die Grandiosität der kindlichen Allmachtsfantasie nicht durch Einfühlung der Eltern gemildert und schonend in ein realistisches Selbstbewusstsein übergeführt worden, sondern sie musste defensiv ausgebaut und übersteigert werden, um ein durch elterliche Ablehnung, übermäßige Kritik oder auch gesteigerte Bedürftigkeit der Eltern beschädigtes Selbstbewusstsein zu stabilisieren. Statt mit realen Erwachsenen identifiziert sich das Kind in diesem Fall mit einem Idealbild, dem all die Schmerzen und Kränkungen erspart geblieben sind, die es in einem unerträglichen Übermaß erlebte und vor deren Wahrnehmung es sich durch Verdrängungen geschützt hat.

Während das Selbstbewusstsein selbst geschwächt und labil bleibt, wird das Geltungsbedürfnis kompensatorisch übersteigert. Der Wunsch, in jeder Situation Erfolgserlebnisse und narzisstische Bestätigung zu ernten, weckt den Eindruck von Unersättlichkeit, während die realen Erfolge des gestrigen Tages heute schon wieder jeden stabilisierenden Effekt für das Selbstbewusstsein verloren haben. Die defensive Grandiosität gleicht einem aufgeblasenen Ballon: Die kleinste Verletzung der geblähten Haut führt zum Zerplatzen, zu einem völligen Kollaps, nach dem fieberhafte Anstrengungen unternommen werden müssen, den Schaden zu reparieren. Bezeichnenderweise wird die Reparatur nach dem Prinzip »mehr vom Selben« vorgenommen, das heißt in diesem Bild durch ein noch heftigeres Aufblähen eines noch dünnhäutigeren Ballons.

Nun ist die Entwicklung des Menschen nicht abgeschlossen, wenn er die gröbsten Probleme der Frühphase bewältigt hat und bereit ist, Vater und Mutter als getrennt von ihm, als begrenzt, als gleichzeitig gut und böse, gewährend und versagend zu erleben. Manche Entwicklungsmodelle beschreiben das zwar so, aber sie gehorchen dem Wunsch, komplexe Situationen auf einfache Faktoren zu reduzieren, um sie überschaubarer zu machen.

In Wahrheit wird die Entwicklung einer Person ebenso in der Pubertät und Adoleszenz geprägt wie in der frühen Kindheit. Hier werden Haltungen erworben, in denen sich aus den früheren Erfahrungen und der Rezeption äußerer Einflüsse – etwa aus Büchern, Filmen, aus dem Umgang mit Schulkameraden, aus Begegnungen mit Freunden – etwas ganz Neues formt. Der Jugendliche kann sich beispielsweise entscheiden, »ganz anders« zu werden als sein Vater. Er kann sich dabei einen Lehrer oder den Vater eines Klassenkameraden zum Vorbild nehmen.

Hier machen sich die ersten Rückkopplungsvorgänge bemerkbar, welche Störungen des Selbstgefühls verstärken können. Wer sein Bedürfnis, ganz anders (viel besser) als die realen Eltern zu werden, übersteigert, der wird auch unter den realen

Menschen seiner adoleszenten Welt niemanden finden, der ihn begeistert. Das heißt, er muss sich mehr und mehr an imaginäre Vorbilder binden, die ihrerseits seine Realitätsorientierung und mit ihr seine Chancen schwächen, in einer Auseinandersetzung mit der Wirklichkeit sein Selbstgefühl zu stabilisieren. Der so gestörte Jugendliche schwankt dann zwischen dem grandiosen Empfinden, besser zu sein als alle Menschen, die er kennt, und der depressiven Verzweiflung, dass alle anderen Lob und Freundschaft finden, während er selbst viel weniger Anerkennung erntet als die Dummköpfe und Langweiler um ihn.

Wir können aus diesen Gesichtspunkten eine grobe Einteilung der Ehrgeizthematik treffen: Sie kann entweder durch eine schonende, von Einfühlung und realistischer Selbsteinschätzung bestimmte Umwelt erzeugt worden sein oder aber einen deutlichen Mangel an solchen Erfahrungen kompensieren. Im ersten Fall hat der spätere Manager sowohl Freude an seinen gegenwärtigen Leistungen und der aus ihnen resultierenden Anerkennung wie auch den Wunsch, weiterzukommen, mehr Erfolg, mehr Anerkennung zu haben. Das heißt, er traut sich den Spitzenplatz zu, kämpft um ihn, aber er kämpft nicht mit dem Rücken zur Wand, sondern kann eine Niederlage abtrauern: Er hat Pech gehabt, schade, aber er hat sein Bestes getan und muss sich nicht schuldig fühlen, und er kann auch wahrnehmen, dass er immer noch – verglichen mit Altersgenossen oder gar mit Menschen aus anderen Kulturen – privilegiert ist.

Wer hingegen seine Grandiosität trotzig gegen beschämende Entwertungen und die quälenden Gefühle verteidigen musste, nicht genügend geliebt und anerkannt zu sein, der muss sich *immer* verbessern und darf sich nie wirklich in der Gegenwart erholen, allenfalls in der Zukunft, wenn ihm die nächste Stufe auf der Karriereleiter endlich das ersehnte Selbstvertrauen, die erhoffte Ruhe bringen. Stillstand ist für ihn Rückschritt, die Brücken hinter ihm sind verbrannt, er kann nur vorwärts gehen oder abstürzen.

15

Führung und Erziehung

Führung hat viel mit Erziehung gemeinsam. Sie ist gewissermaßen der Oberbegriff: Jede Erziehung hat Elemente von Führung, aber nicht jede Führung Elemente von Erziehung. Der Schwerpunkt der Führung richtet sich nicht auf die Veränderung von Individuen, die von einem unreifen oder unwissenden Zustand in reifere beziehungsweise wissendere Zustände über-»führt« werden sollen, sondern auf den Einsatz von Individuen, ihre Motivation und Koordination, das heißt die Stimulierung ihrer Fähigkeiten, zusammenzuarbeiten und etwas zustande zu bringen.

Das Entscheidende an Führung ist eine aktivierende Qualität, nicht Macht. Macht hat auch die Amme über den Säugling oder der Pfleger über den Kranken; Führung übernehmen sie dann, wenn sie ihre Schützlinge nicht passiv halten und versorgen, sondern aktiv dazu bewegen, dass diese Dinge tun, die ohne den Einfluss der Führung nicht zustande kämen. Wichtig ist somit, dass man dem Leiter[3] zutraut zu führen, aber nicht der Auffassung ist, er würde einem Arbeit abnehmen.

Wer führt, bringt Menschen dazu, Dinge für ihn zu tun. Er nimmt ihnen keine Lasten ab, sondern verteilt die Lasten so, dass jeder in seinen Kräften gefordert und auch gefördert wird. Daher ist es, wie schon Machiavelli (s. S. 93 und 199) festgestellt hat, für den Leiter wichtiger, respektiert zu werden als geliebt. Wenn sich Liebe und Respekt verbinden lassen, ist es noch besser, aber wenn er auf eines von beiden verzichten muss, verzichtet er besser auf die Liebe als auf den Respekt.

Im Alltag müssen wir uns nur in Ausnahmefällen entscheiden, entweder den Respekt oder die Liebe preiszugeben, denn beide hängen doch sehr eng zusammen und treten meist verschwistert auf. Wir alle streben nach Achtung *und* nach Liebe. Unbegründete Gleichgültigkeit gegenüber eigenen oder fremden Liebesbedürfnissen trägt nicht zum Respekt bei. Wo aber der

Respekt gefährdet ist, darf die Rücksicht auf Liebesbedürfnisse den Leiter niemals davon abhalten, ihn – auch um den Preis von Liebesverlust – wiederherzustellen.

Wer den Respekt verliert, kann nicht mehr führen; wer die Liebe verloren hat, bleibt durch den Respekt handlungsfähig und ist in der Lage, sie zurückzugewinnen. Respektverlust ist mit einem Leck im Rumpf eines Schiffes zu vergleichen, Liebesverlust mit einem Ausfall der Heizung. Ein Defekt, durch den das ganze Schiff sinken kann, verdient größere Aufmerksamkeit als ein Defekt, der nur unangenehm ist. Wenn freilich dieser Defekt länger andauert, wird er zwar nicht zum Untergang des Schiffes, aber doch zu Gesundheitsschäden der Besatzung führen. So töricht es ist, ein Leck zu vernachlässigen, um die Heizung zu warten, so wichtig ist es, sich bei dichtem Rumpf sogleich um die Reparatur der Heizung zu bemühen.

Die Vorbildqualität des Leiters

Wenn sich ein Leiter bemüht, in allen Situationen der Beste zu sein, erschöpft er sich und wird bald entkräftet aufgeben – ähnlich wie ein Fahrer, der die Tour de France dadurch gewinnen will, dass er jederzeit an der Spitze fährt. Wesentlich ist, dass der Leiter zur rechten Zeit seine Qualitäten demonstriert und dass es ihm gelingt, Leistungen anderer so mit sich zu verknüpfen, dass sie seine Vormacht steigern, nicht gefährden. Wie viel Macht ein Leiter anstrebt, hängt von seinen Größenfantasien ab, von dem Volumen seines ungestützten, potenziell unrealistischen Selbstgefühls.

Wie viel Stabilität und Konstruktivität er für sich und seine Organisation erreicht, hängt mit der Festigkeit seines Selbstgefühls zusammen, die es ihm erlaubt, die unvermeidlichen Krisen zu verarbeiten. Die Umwandlung des emotional fundierten, von Grandiosität und Entwertung, Selbstüberschätzung und narzisstischer Wut geprägten Selbstgefühls in mutige, aber durchdachte Haltungen ist die Aufgabe, welche den Kern einer professionellen Führung ausmacht.

Unzweifelhaft hat der Leiter ein Selbstbewusstsein, das ihn befähigt, anderen die Richtung vorzugeben und nicht von ihnen in seiner Richtung bestimmt zu werden. Doch sind nach allen Forschungsergebnissen die Leiter nicht frei in ihren Entscheidungen; sie gewinnen ihre Macht vielmehr daraus, dass sie die Normen einer Gruppe formulieren und in Handlungsvorschläge umsetzen. Der »natürliche« Leiter ist nach Untersuchungen in spontan gebildeten Hierarchien – etwa in Street Gangs – nicht der Stärkste, der Intelligenteste oder der Schönste einer Gruppe, sondern jemand, der sich in keinem dieser Merkmale aus der Spitzengruppe entfernt, aber zugleich eher vielseitig und integrativ ist.

Spezielle Begabungen engen, je ausgeprägter sie sind, die Beweglichkeit ein: Sie führen dazu, sich im Bereich des größten Könnens aufzuhalten, und erschweren es dadurch, unterschiedliche Aktivitäten und Bereiche kennen zu lernen und zu integrieren. Daher ist der Leiter nur in Ausnahmefällen in einem Gebiet der beste Spezialist und niemals in allen. Jener Leiter hat die größte Aussicht auf Machterhaltung, der alle Möglichkeiten ausschöpft, Menschen zu überzeugen: Er muss ihnen Hoffnung einflößen, ihr Vertrauen wecken und ihre Liebe gewinnen können, darf sich aber nicht scheuen, Schmerzen zuzufügen und Angst zu machen.

Wenn er eines dieser Herrschaftsinstrumente nicht handhaben kann, ist es für ihn besser, darauf zu verzichten: Ungeschickte Arbeit gefährdet sein Ansehen. Aber den Ausschlag, ob jemand seine Führungsqualitäten verbessern und professionalisieren kann oder im Gegenteil umso unfähiger wird, je weiter er aufsteigt,[4] gibt das Selbstgefühl. Alle Praktiker, auch die Praktiker der Führung, lernen vor allem durch das, was sie tun: Sie beobachten die Auswirkungen ihres Handelns und orientieren sich beim nächsten Mal an ihren Erfahrungen. Dieser Prozess kann von außen gefördert, aber keineswegs durch wissenschaftliche oder theoretische Informationen ersetzt werden. Der Praktiker wendet immer sich selbst auf konkrete Situationen an, nicht eine akademische Lehre. Und er lernt am meisten aus dem, was er mit sich selbst und als er selbst bewirkt hat.

Wer stabil selbstbewusst ist, kann sich Fehler zugestehen und gleichzeitig die Bedeutung des Fehlers für sein Prestige realistisch einschätzen. Dadurch ist er viel belastbarer und kann seine Energie bündeln. Wer heute in einem Unternehmen Erfolg hat, ist – wenn überhaupt – niemals in der klinisch extrem auffallenden Weise gestört, wie man es bei Süchtigen oder Dissozialen beobachten kann. Er kann sich benehmen, kann sich an Regeln halten, verfügt über ein Mindestmaß an Disziplin und Anpassungsbereitschaft. Das heißt, dass seine Störung so lange wenig sichtbar bleibt, wie er sich in der Karrierephase befindet, in der er Vorgesetzte hat, deren Wohlwollen über seine Zukunft entscheidet.

Das wird sich schlagartig ändern, wenn dieser Rahmen fortfällt. Die extremen und beunruhigenden Möglichkeiten einer Charakterveränderung durch den Verlust der Einordnung in einer Hierarchie haben die alten Historiker als Cäsarenwahn beschrieben. Shakespeare wusste, wovon er sprach, als er Fortinbras im ›Hamlet‹ über den toten Prinzen sagen lässt: »Er hätte, wär er hinaufgelangt, sich höchst königlich bewährt.«

Aus diesen Gründen sind auch die Auskünfte, welche Testpsychologie oder Planspiel über Führungsfähigkeiten geben, in ihrer Gültigkeit begrenzt. Sie können niemals die Langzeitbeobachtung ersetzen, die vielleicht am ehesten geeignet ist zu klären, ob eine Führungskraft von Regressionen auf primitive Allmachtsvorstellungen gefährdet ist, wenn sie den Platz an der Spitze erreicht hat. In allen Prüfungssituationen ist der Geprüfte auch ein Unterworfener. Er muss sich mit einer Autorität außerhalb seiner selbst auseinandersetzen. Diese Situation diszipliniert und kann deshalb nicht mit Situationen verglichen werden, in denen der Betreffende niemanden über sich dulden muss. Den Manager in einem echten Entwicklungsprozess seiner Führungsfähigkeiten befreit es, wenn er endlich keinen Menschen mehr über sich hat, sondern sich direkt mit den Realitäten seiner Organisation und des Marktes auseinandersetzen kann. Den Manager, der seine Selbstgefühlsstörung bisher durch Fügsamkeit gegenüber einem bewunderten Chef kompensiert hat, überfordert gerade jene Freiheit, die einen anderen beflügelt.

Man wird einwenden, dass in der Wirtschaft die ökonomisch definierte Realität solche disziplinierenden Folgen hat. Das ist nicht falsch, aber auch nicht ganz richtig, denn die Spielräume sind erfahrungsgemäß sehr groß. Die Durchsetzungkraft der kritischen Vernunft von Bankdirektoren, Aufsichtsräten usw. gegenüber einem entschlossenen Mann, der sich bisher bewährt hat, wird jedenfalls meist überschätzt. Auch die bürgerlichen Wähler Hitlers waren überzeugt, dass die Vernunft der Bürokratie und der Sachverstand von Justiz und Militär diesen halbgebildeten Aufschneider nach der Machtergreifung zähmen würden. Wie wir wissen, entwickelte sich die Realität des Dritten Reiches in der genau entgegengesetzten Richtung: Die gut funktionierende, sich Hitler unterwerfende deutsche Bürokratie machte den NS-Staat zur mörderischsten sozialen Apparatur, welche die Geschichte kennt.

Vielleicht ist jetzt ein erster Eindruck über das Dilemma der Führung aus psychoanalytischer Sicht entstanden: Ohne die Komponente der kindlichen Allmachts- und Größenvorstellung wird der Manager nicht aus der Sicherheit der Anpassung heraustreten. Jedoch mit ihr ist er gefährdet, den Kontakt zur Realität zu verlieren und allen Menschen, die ihm folgen, zu schaden. Wer kein Risiko eingeht, auch nicht das scheinbar Unmögliche wagt, wird nur wenig bewegen. Wer aber chronisch sich selbst überschätzt und die Widerstände der Umwelt bagatellisiert, wird Gefahr laufen, seine und die Ressourcen seiner Mitarbeiter zu vergeuden.

Ein Beispiel für die modernen, schwer erkennbaren Formen des Cäsarenwahns bietet die Pleite der Vulkan-Werften in Bremen. Der schuldige Manager hatte in früheren Stadien seiner Karriere immer anderen zugearbeitet. An die Spitze gelangt, entfernte er sich mehr und mehr von der wirtschaftlichen Realität und konnte keine Kritik mehr annehmen. Auch angesichts seines Versagens leugnete er jede Verantwortung für die Katastrophe. Während der Staatsanwalt wegen Betrugs gegen ihn ermittelte, hoffte der entlassene Manager immer noch, dass ihn die Konkursverwalter rufen würden, um den Scherbenhaufen aufzuräumen.[5]

Kaum hatte er die Macht über ein großes Unternehmen, ersetzte er die kritische Prüfung der Realität durch Größenvorstellungen. Er griff futurologische Visionen auf, wonach das Meer die Lösung für die Übervölkerung bringen sollte. In seiner schönen neuen Maritimwelt sollten Windparks entstehen und Strom erzeugen, sollten Erze in Tiefseebergwerken abgebaut und riesige Fischherden gezüchtet werden. Solche Vorstellungen sind nicht falsch, sie werden aber zu unternehmerischem Gift, wenn ein Manager sie aufbläht und überzeichnet, sobald er erkennen muss, dass seine Sanierungsversuche keines der Probleme des Unternehmens gelöst haben.[6]

Kannibalismus an der Börse

Ungezähmte Grandiosität gehört zu den psychologischen Zutaten jener Phasen der wirtschaftlichen Entwicklung, die in einen tiefen Sturz übergehen können. Solche »Depressionen« führen zu immensen Verlusten in wirtschaftlicher wie menschlicher Hinsicht. Sie scheinen jäh über uns hereinzubrechen. Wer genauer beobachtet, findet freilich häufig eine Vorphase der Depression, einen Höhenflug vor dem Absturz.

Es ist die Verleugnung der Realität, die bei den Manikern be-

21

sonders auffällt, in milderen Formen aber sozusagen die schleichende Psychose der Konsumgesellschaft ist, die ja – den manisch Erkrankten sehr ähnlich – zu viel ausgibt, zu wenig spart und das Erbe ihrer Kinder verschwendet.

Diese Verleugnung ist deshalb so tückisch, weil sie den kritischen Blick in jener Zeit verstellt, in der es noch relativ einfach wäre gegenzusteuern, den Sturz zu verhindern, den Höhenflug zu bremsen und die manische Illusion zu korrigieren. Das aus der Arbeit mit narzisstischen Störungen wohlbekannte Prinzip, dass die manische Verleugnung zwar leicht zu verändern, aber schwer zu erkennen ist, die depressive Krise hingegen leicht zu erkennen, aber schwer zu verändern, spiegelt sich in wirtschaftlichen Entwicklungen. Solange alles gut geht, kostet es nur sehr wenig, sich abzusichern. Wenn hingegen der Absturz allen deutlich geworden ist, können gerade die nicht mehr aussteigen, die am meisten riskiert haben. Am ärgsten betreffen Börsencrashs immer jene ängstlichen Personen, die lange zögern, ob der Aufschwung auch wirklich stabil ist, spät einsteigen und dann viel verlieren.

Durch den Kult des »Shareholder Value« in den USA sind Formen von Größenwahn, die bei dem oben geschilderten Manager der Vulkan-Werften noch wie eine individuelle Entgleisung wirken, zu einem System geworden, dessen Schattenseiten seit dem Kurssturz am 11. September 2001 deutlicher werden, aber noch längst nicht ausgelotet sind. Dabei geht es darum, Fiktionen zu verkaufen und mit allen legalen und einigen illegalen Mitteln den Aktieninhabern beziehungsweise -käufern zu vermitteln, dass das Unternehmen auf Erfolgskurs ist. Erfolgreich ist nicht der Manager, der reale und stabile Gewinne erwirtschaftet, sondern der Scharlatan, der solche Gewinne verspricht, etwa indem er eine Fusion in Gang setzt, die an der Börse gut ankommt und den Kurs in die Höhe treibt.

So entstehen überschuldete und an eigene Wachstumsprognosen wie die Sklaven an die Ruderbank gekettete Unternehmen.

Die Kapitäne dieser Galeeren sehen nicht weiter als bis zur nächsten Bilanz, die notfalls mit allen möglichen Tricks bis hin zur absichtlichen Fälschung geschönt wird.

In diesen Kontext gehört auch, dass über solche Aufblähungen erst dann öffentlich gesprochen wird, wenn zu viele und zu große Seifenblasen platzen. Der Einbruch der »Neuen Märkte«, wo windige Medienunternehmen binnen weniger Jahre den Börsenwert großer und lange eingeführter Industriebetriebe erreichten, war im Grunde weniger verwunderlich als der Glaube so vieler Experten und Aktienkäufer, einen tiefen Blick in die Wertschöpfungen der Zukunft getan zu haben.

Unter dem Aspekt der in jedem Menschen schlummernden Grandiosität, die nur widerwillig Grenzen akzeptiert, ist das Geschehen in der amerikanischen Wirtschaft symbolträchtig genug. Viel Geld zu verdienen, zu haben, auf es zu hoffen ist in einer kapitalistischen Wirtschaft das einfachste Symbol der narzisstischen Expansion. Daher sind die Umstände, unter denen mächtige Firmen wie einer der größten Energiekonzerne der Welt (Enron) und andere Marktführer ihrer Branchen (der Telekommunikationskonzern Worldcom, der Druckerhersteller Xerox) zugestehen müssen, dass sie ihre Buchführung geschönt und dadurch die Börse getäuscht haben, auch psychologisch interessant. Im Jahr 2002 wurden mehr Bilanzen amerikanischer Großkonzerne angezweifelt als abgesegnet – eine schier unglaubliche Entwicklung hin zur Illusionsbildung, fort von einer Reflexion über das eigene Handeln.

Die Bilanz, in der Ausgaben und Einnahmen einander gegenübergestellt und daraus der Gewinn ermittelt wird, ist das klassische Instrument des Ich gegen Illusionen und Spaltungen. Wenn dieses Instrument nicht mehr von der Realität getragen wird, sondern Höhenflüge der Manager und der Aktionäre formuliert, dann verliert das wirtschaftliche Handeln seine Realitätsorientierung. Ein normaler Konkurs ist ein harmloses Ereignis, verglichen mit der Pleite nach Bilanzfälschungen.

Nach einer Skala von ›Business Week‹ hat der Manager einer Firma in den USA 1980 durchschnittlich 42 Mal so viel verdient wie ein Arbeiter. Im Jahr 1990 war es 85 Mal so viel, im Jahr 2000 aber 531 Mal so viel. Es ist kaum falsch, diese Steigerung mit der parallel dazu einsetzenden Ideologie des Börsenwerts um jeden Preis zu verknüpfen. Diese wurde seit 1986 populär, als Alfred Rappaport sein Buch ›Creating Shareholder Value‹ veröffentlichte. Der Internet-Handel beschleunigte und vernetzte die internationalen Geldmärkte. Jeder, der es sich zutraute und genügend Kredit oder Startkapital hatte, konnte binnen weniger Minuten per Mausklick Milliarden verschieben und durch Devisenspekulationen reich werden.

Narzissmus, Spiel und Geld

Ein Mann steht gelangweilt neben der Warteschlange von Autos, die in einer Stunde auf die Fähre zu seiner Ferieninsel eingeschifft werden. Ein zweiter Mann kommt hinzu, breitet ein Stück Stoff aus, fängt an das Hütchenspiel zu spielen, bei dem darum gewettet wird, unter welchem Hütchen ein gelber Papierball liegt. Jetzt kommt ein Dritter. Die beiden fangen an zu zocken. Fünfzig Euro, wenn du das richtige Hütchen errätst! Der gelangweilte Beobachter weiß genau, wo die gelbe Kugel liegt, aber der Mitspieler rät falsch. Fünfzig Euro wechseln den Besitzer. So geht das hin und her, mal gewinnt der eine, mal der andere, und jedes Mal ist der Beobachter ganz sicher, er hätte die richtige Lösung gewusst.

Schließlich mischt sich der gelangweilte Mann ein. Er will eigentlich gar kein Geld setzen, er will nur zeigen, wie schnell sein Auge ist, wie wenig er sich durch das Durcheinanderschieben der Hütchen verwirren lässt. Aber er muss wetten, sonst geht gar nichts, da sind sich die beiden Spieler einig. Und er ist sich ganz sicher, denn er sieht die gelbe Papierkugel sogar herauslugen. Also zieht er einen Schein aus der Tasche, schaut einen Moment nicht hin. Als er das Hütchen aufdeckt, ist es leer, das Geld verloren, großes Bedauern, er soll sofort weiterspielen, den Schaden gutmachen.

Der Mann, der sich da von zwei Taschenspielern hereinlegen ließ, wollte nicht spielen. Er musste sich später sogar eingestehen, dass er den Trick schon einmal in einem Abenteuerfilm gesehen hatte. Aber er konnte der Selbstbestätigung nicht widerstehen, die darin liegt, die Welt besser kontrollieren zu können als andere. Dadurch wurde er zum Opfer der beiden Trickbetrüger, die blitzschnell in dem Moment der Ablenkung, als er den Geldschein herausfingerte, die Hütchen vertauschten.

Weil Spielen ebenso süchtig machen kann wie Drogen, haben viele Staaten die Einrichtung von Spielbanken reglementiert und zum Teil gänzlich verboten. Aber was sind Spielbanken gegenüber dem Zocken an Devisen- und Aktienmärkten! Selbst im Herzen großer Konzerne und für seriös gehaltener Banken gibt es längst ganze Abteilungen von Berufsspielern, die nichts anderes tun als mit Devisen zu spekulieren und deren Kurse zu manipulieren, wenn sie es denn können. Wer sein Erspartes in einer Bank anlegen möchte, erhält unter Umständen einen Geldmarktfonds empfohlen – Spielgeld für die Zocker seines Kreditinstituts.

Nun ist jedem denkenden Menschen klar, dass die einzige realistische Gewinnchance auf lange Sicht die des Casinos ist, ganz ähnlich wie an Immobilienspekulationen (hierzulande Bauherrenmodelle und Ostimmobilien) verlässlich nur die Makler verdienen. Unbemerkt hat die Spielermentalität nach den großen, marktprägenden Konzernen gegriffen, so als würde die Spielbank nicht nur Croupiers beschäftigen, sondern auch eine ehrgeizige Truppe junger Spieler, die mit der Kundschaft um die Wette zocken.

Die Banken, die Manager, die Investmentberater und die Kunden haben allesamt das erspielte Geld als so begehrenswert angesehen, dass die Schranken von Selbstkritik und Disziplin gefallen sind. Es wurden eigene Mythen entwickelt – etwa der Mythos von den immensen Synergien durch den Zukauf von Umsätzen. Jedes Kind mit ein wenig Ahnung in Zoologie weiß, dass ein Raubtier, das eine große Beute verschlungen hat, erst einmal lange Zeit ziemlich unbeweglich damit beschäftigt ist zu verdauen. Wer die inneren Reibungen nach Fusionen ein wenig kennt, hat den Eindruck, dass die Schere zwischen dem Synergiegerede und den tatsächlichen, enormen Energieverlusten durch die Vermischung zweier Organisationen eine Weile immer weiter aufgeht. Irgendwann schließt sie sich wieder. Dann werden Profitsteigerungen durch Abspaltungen angekündigt. Das große Raubtier speit sozusagen wieder aus, was es gefressen hat und nicht verdauen konnte. Das Fachwort dafür ist »Outsourcing« – Quellen, die bisher im Machtbereich des Konzerns geflossen sind, werden der Übersichtlichkeit und besseren Kontrolle wegen nach außen verlegt.

In der New Economy, deren Modell bald in der Old Economy abgekupfert wurde, glaubten alle daran, dass nichts einen Tiger agiler und sprungkräftiger macht als das Verschlingen eines etwas kleineren Tigers. Niemand, der die Kostenersparnisse der Größe nicht nutze, könne die Zukunft überleben. Heute glaubt wieder jeder Berater daran, dass eine kleine, solide Firma besser ist als eine große, überschuldete.

In Wahrheit sind die Expansionsmöglichkeiten in vielen wichtigen Branchen (Energie, Chemie, Mobilität) ziemlich genau einschätzbar und nicht besonders üppig. Um dennoch den Aktienwert in die Höhe zu treiben, ist es verlockend, Wachstum zu kaufen; um das Versprechen von Wachstum zu untermauern, verlockend, die Bilanzen zu schönen oder den Konzern so zu verschachteln, dass die Schulden (wie bei Enron) in Unterfirmen verschwinden.

Das System gleicht, ins Grandiose gewendet, den Schneeballsystemen, mit denen Betrüger schon immer abkassiert haben:

Hohe Ausschüttungen werden nicht durch reale Erträge, sondern durch die wachsenden Einlagen Gutgläubiger finanziert, so dass am Ende große Gruppen einer Gesellschaft (wie jüngst in Albanien) jeden für blöde halten, der sich diese Supererträge seines Ersparten entgehen lässt.

Wenn das System zusammenbricht, ist die Einsicht billig und der Verlust teuer. Solange es expandiert, ist es umgekehrt: Die Einsicht ist teuer, denn der Gewinn erscheint so billig. Zur Zeit der Höhenflüge konnte man gewissenhafte Sozialpädagogen kennen lernen, die ihre Stelle kündigten, weil sie mit Aktien in einem Monat mehr verdient hatten als durch ihre Arbeit in einem Jahr.

Damals waren die meisten Anleger und ihre Berater überzeugt, es werde immer so weitergehen. Tatsächlich drängte lange Zeit so viel Geld in die Börse, dass es immer jemanden gab, der eine überteuerte Aktie noch teurer kaufte. Parallel dazu wurden die Vorstände der Aktiengesellschaften mehr und mehr Selbstdarsteller, die Prospekte für die Jahresversammlung wurden von teuren Grafikern gestaltet; immer mehr Vorstandsvorsitzende beschäftigten PR-Berater.

Die narzisstische Grandiosität kann Führer und Geführte in einen Teufelskreis verstricken, der sich bei faschistischen Charismatikern ebenso beobachten lässt wie bei ökonomischen oder religiösen. Der Glaube begeisterter Anhänger stimuliert die Selbstüberschätzung von Menschen, die in einer Umgebung, die sie einer stärkeren Disziplin unterwirft und ihre Selbstkritik fördert, durchaus vernünftig bleiben können. Von Wellen der Zustimmung und Bewunderung getragen, verspricht der charismatische Führer Unmögliches. Er fühlt sich nun selbst in der Pflicht und löst seine Versprechen ein, indem er höhere Schulden macht. Dynamik um der Dynamik willen, grenzenlos, »wir werden weitermarschieren«.

Nachher sind sich dann alle einig, dass die Entwicklung von Anfang an auf Illusionen baute und die Versprechungen aus einer grandiosen Selbstüberschätzung kamen. Dann werden sich die Gläubigen damit rechtfertigen, dass schließlich auch Universitätsprofessoren hereingefallen seien.

Als Mussolini für Italien Kolonien in Afrika mit Hilfe von Giftgas und Luftangriffen eroberte, jubelten ihm die Massen zu. Als sich herausstellte, dass sich die Kolonisierten hartnäckig wehrten[7] und das Unternehmen keinen Gewinn machte, schwand die Begeisterung; die Kolonialregierung leistete dem Angriff der Verbündeten (aufständische »Patrioten« und englische Truppen) kaum Widerstand. Als Hitler dem deutschen Volk Frieden und Größe versprach, jubelten die Massen. Als es Krieg gab, hofften viele auf den Besitz der Kornkammern und Ölfelder des Ostens. Erst nach der Niederlage von Stalingrad keimte der Gedanke, dass dort schließlich auch Menschen wohnten, die ihre Heimat gegen die Angreifer verteidigten.

Es ist überpointiert, Charismatiker, die Millionen Menschen ihrem Größenwahn geopfert haben, neben solche zu stellen, die nur Milliarden ihnen anvertrauter Gelder vor dem Götzenbild ihrer Grandiosität verbrannten. Aber der Vergleich mit Hitler mag helfen, uns die Gefahren zu verdeutlichen, die aus dem Jubel für eine Grandiosität kommen, die uns verspricht, wir könnten an ihr teilhaben.

Jede Grandiosität möchte zunächst eine gute Grandiosität sein, weil eine gute Grandiosität mehr narzisstische Bestätigung verspricht als eine böse. Aber da sie zwangsläufig an Grenzen stößt und Einschränkungen nicht akzeptieren kann, wird die ungemilderte Grandiosität am Ende immer in das »Böse«, in Wut und (Selbst-)Zerstörung führen. Die charismatische Persönlichkeit kann nicht auf ein realistisches Maß schrumpfen.

Da diese Grenzen einem narzisstisch weniger bedürftigen Menschen oft nicht einmal auffallen, wird es am Ende die »schillernde Persönlichkeit« sein, als die der Charismatiker seiner Umwelt in Erinnerung bleibt. Bescheiden, höflich, herzlich, ein Mensch, von dem man nichts Böses erwarten kann. So haben

28

viele, die ihn persönlich erlebten, den Charismatiker beschrieben, der zuerst die jüdische Rasse in Europa und dann das eigene Volk vernichten wollte.

Wenn Charismatiker von Anfang an böse sind, wie die Superschurken in den Comics und Filmen des 20. Jahrhunderts oder Richard in Shakespeares Drama, der sich »entschließt, ein Bösewicht zu werden«, dann liegt das daran, dass sie in ihrem Streben nach der guten Grandiosität gescheitert sind und jetzt zerstören wollen, was sie an ihr Scheitern erinnert. Sie wollen jene vernichten, die erreichen, was ihnen versagt bleibt, jene aus ihrer Ruhe reißen, die einen Frieden genießen, den sie niemals finden können.

Das eigene Ich (die eigene Firma/die eigene Macht/das eigene Volk) ist niemals so groß, wie es sein müsste, um sich dieser Größe sicher zu sein. Daher müssen Charismatiker ihre Größe ständig beweisen, indem sie noch größer werden und andere, die ihnen den Rang streitig machen, verdrängen oder verschlucken. Die Nähe der charismatischen Grandiosität zum kannibalischen Narzissmus ergibt sich aus diesem Zwang zum dauernden Erfolg, zum dauernden Beweis der eigenen Überlegenheit.

Die Nähe der ökonomischen zur politischen Selbstüberschätzung lässt sich – ebenso wie die Folgen beider – an einem der spektakulären Amokläufe der letzten Jahre beobachten. Der Apotheker Mark O. Barton, ein einst braver Bürger, war 44 Jahre alt, als er in Atlanta, Bundesstaat Georgia, seine Frau und seine Kinder ermordete, zwei Faustfeuerwaffen einpackte und neun Angestellte zweier moderner »Spielbanken« erschoss.

»Daytrader« bieten seit Beginn des Höhenflugs der Börsen im Jahr 1996 in den USA Computerterminals zur Miete an, mit deren Hilfe ihre Kunden in Echtzeit selbst spekulieren können. Offensichtlich fühlte sich Barton von diesen Firmen betrogen und ausgenützt. »Der Markt ist nach unten gegangen, und ich hoffe, dass das euren Tag nicht ruiniert«, soll er gesagt haben, ehe er seine Waffen entsicherte und vier Angestellte der

Firma erschoss, bei der er spekuliert hatte. Damit nicht genug, ging Barton zu einer anderen Daytrading-Firma in einem benachbarten Bürokomplex und erschoss weitere fünf Menschen. Wenige Stunden nach der Tat wurde er tot in seinem Auto gefunden.

Hier zeigt sich das Kippen der Selbstüberschätzung – »ich habe zwar nie gelernt zu spekulieren, aber dank meiner überlegenen Intelligenz werde ich euch alle übertreffen und schnell reich werden!« – in blinde Wut auf jene, die nicht wie der Täter verloren haben. Beneidet und vernichtet werden jene, die krisensicher verdient haben. Das tut ein Apotheker auch. Die heftigste narzisstische Wut richtet sich oft gegen den, der noch genießen kann, was ich selbst als meiner nicht würdig verworfen habe.

Die Grandiosität rächt sich an denen, die mit dem eigenen Scheitern verknüpft werden. Diese Rache hat sehr oft auch eine selbstzerstörerische Qualität. Ihr Opfer wird dann das eigene Ich, das seine Ziele nicht erreicht hat und daher wertloser ist als erwartet und dem das Fortleben in Wertlosigkeit ebenso erspart werden muss wie den Personen, die der Charismatiker zu lieben glaubt, die aber nichts anderes sind als ein Teil seiner Grandiosität.

Die Dynamik von solchen Amokläufen ist der von terroristischen Aktionen verwandt. Es ist kein Zufall, dass der Terrorist Bin Laden den immensen Börsenverlust nach dem 11. September als Sieg über den Imperialismus genussvoll ausgekostet hat. Auch er rächt sich für den eigenen Verlust an einer Sicherheit, die er sich selbst genommen hat, an jenen, die sie noch besitzen.[8]

Die Einschätzung des Charismatikers

Wenn ein Mann bisher Verlässlichkeit, kritisches Denken und Respekt vor ökonomischen Zwängen bewies, garantiert das keineswegs, dass er sich weiterhin so verhalten wird, wenn er niemanden mehr über sich hat. Gibt es Möglichkeiten, das vorauszusehen? Zunächst ist es wichtig, die *ganze* Lebensgeschichte des Betreffenden zu kennen. Hat er sich bereits früher in solchen Situationen merkwürdig verhalten? Weist seine Biografie unerklärte Brüche auf? War er in untergeordneter Position zufrieden und ausgeglichen, oder hat er erkennen lassen, dass er die tieferen Sprossen der Karriereleiter nicht als sinnvoll, sondern nur als lästiges Hindernis betrachtet? Hatte er zu seinen Vorgesetzten eine reife Beziehung, in der Anerkennung und Kritik gleichzeitig möglich waren, oder neigte er dazu, Gruppen zu spalten und »gute« Chefs zu idealisieren, ihnen zu schmeicheln, alle ihre Schwächen zu verleugnen, »böse« Vorgesetzte aber zu verleumden und kein gutes Haar an ihnen zu lassen?

Bei der Unterscheidung zwischen konstruktiven und destruktiven Idealisierungen sollte bewusst bleiben, dass auch hier Mischungen nicht nur möglich sind, sondern sogar überwiegen. Derselbe Mensch kann in einer Situation vernünftig handeln, Zwischentöne wahrnehmen, den Boten und die Botschaft unterscheiden, während er in einer anderen Situation – unter Schock, unter chronischem Stress – nur noch Zustimmung akzeptiert und jeden wie seinen Todfeind behandelt, der etwas sagt, das der eigenen Meinung nicht entspricht.

Das Wissen um narzisstische Störungen kann nicht immer helfen, mit ihnen sogleich angemessen umzugehen. Was die Entscheidung einzugreifen so erschwert, ist die Unsicherheit darüber, ob die Vernunft des Betroffenen nur zeitweise durch seine narzisstische Wut außer Kraft gesetzt ist und sich, wenn wir ihn gewähren lassen, wieder in ihr Recht setzt oder ob die narzisstischen Mechanismen die Oberhand gewonnen haben und die Vernunft allenfalls berechnend eingesetzt wird, um den destruktiven Idealisierungen den Weg zu bahnen.

Im ersten Fall ist es sinnvoll, abzuwarten und Verständnis für die Kränkung anzubieten; im zweiten hilft nur die Demonstration beziehungsweise auch der Einsatz einer Gegenmacht, um den Schaden wenigstens möglichst gering zu halten. Solche Entscheidungen sind gewiss nicht leicht. Es ist einfach, sich später klüger zu dünken, aber sehr schwierig, sich zu einem frühen Zeitpunkt der schmerzlichen Wahrheit über das Ende des Gewährenlassens und der Zugeständnisse in der Diplomatie zu stellen. Auch hier bieten die Erfahrungen mit dem NS-Regime eindrucksvolle Belege. Sie zeigen, wie lange allen Einwänden zum Trotz viele Politiker hofften, dass Hitler, wenn man ihn nur gewähren lasse, schon irgendwann Ruhe geben würde.

Für Journalisten oder Staatsanwälte, die sich mit abgedankten Tyrannen befassen, ist es billig zu fragen, weshalb nicht schon viel früher einer der gebildeten und kritischen Menschen in deren naher Umgebung den blinden Größenwahn erkannte und bekämpfte. Ein selbstkritischer Beobachter aber wird zugestehen, dass es sehr schwierig ist, des Kaisers neue Kleider *nicht* zu bewundern.

Es fällt dem narzisstisch reifen Menschen schwer zu erkennen, dass der in diesem Punkt Unreife dazu neigt, lieber sich selbst und alles, wozu er Zugriff hat, zu zerstören, als einzulenken und sich einer kränkenden Realität zu beugen. Diese Bereitschaft zur Destruktion wird gerne als Stärke ausgelegt. Selbst in Liebesbeziehungen, wo wir dem Irrationalen großen Spielraum lassen, erschrickt der sozusagen normale Mensch angesichts eines Paares, das lieber den beide treffenden Ruin in Kauf nimmt als die vernünftige Einigung, die als unzumutbare Kränkung erlebt wird.

Während wir die Hoffnung nie aufgeben sollten, dass die Verhandlungsbereitschaft und Vernunft eines Beteiligten den anderen zugänglicher macht, müssen wir immer auch mit der argen Variante rechnen, dass der ursprünglich konziliant und vernünftig auftretende Partner, wenn er seine guten Absichten entwertet und missbraucht findet, sich das destruktive Verhalten eines Gegners zu Eigen macht, den er vor kurzer Zeit noch unmenschlich fand.

Je ausgeprägter die narzisstische Störung eines Leiters, desto anfälliger ist er für Schmeichler. Der Schmeichler manipuliert den Umschmeichelten, indem er dessen Grandiosität als real anerkennt und dann von der so erzeugten Abhängigkeit zu profitieren sucht. Sobald aber deutlich wird, dass von dem Umschmeichelten keine Vorteile mehr zu erwarten sind, lässt ihn der Schmeichler fallen und gibt vor, er hätte ihn nie in den gefährlichen Weg hineingelobt, der jetzt als Irrweg erkannt ist.

Auch hier lassen sich negative Rückkoppelungen aufdecken: Je unsicherer eine Führungskraft über den eingeschlagenen Weg ist, desto mehr ist sie darauf angewiesen, Selbstkritik zu verdrängen und Schwächen nicht wahrzunehmen. Sie braucht daher den Schmeichler ähnlich wie ein Suchtmittel, das kurzfristig zur Euphorie führt, langfristig aber die Lösung der anstehenden Probleme erschwert. Wenn nicht rechtzeitig eine Krise riskiert, die Umkehr gewagt, der Schmerz über den Irrweg abgetrauert wird, kann diese Euphorie nur in eine Katastrophe führen.

Wer leitet, muss zugleich stolz auf sich sein und sich gegen Widerstände behaupten wie kritisch gegen sich sein und den Kampf gegen eine Übermacht rechtzeitig aufgeben. Die Kräfte von Selbstbehauptung und Nachgiebigkeit widersprechen sich so oft, dass es keine perfekte Lösung gibt. Wer als Leiter einen Perfektionsanspruch an sich stellt, sammelt zwangsläufig Eindrücke von sich, nicht gut genug zu sein, zu versagen; er fühlt sich dann entweder selbst schuldig oder braucht Schuldige, Sündenböcke. Die inneren Widersprüche können nur durch einen gesunden Narzissmus, das heißt ein sowohl stabiles wie für Kritik und Einschränkungen offenes Selbstbewusstsein verarbeitet werden.

Gesunder Narzissmus ist aufgabenorientiert und akzeptiert Durchschnittsleistungen als Basis für Spitzenleistung. Kranker Narzissmus ist erfolgsorientiert und lehnt durchschnittliche Leistungen ab. Typisch für eine solche Störung ist ein Leiter, der seine Vorgänger und Wettbewerber entwerten muss, um die eigene Leistung in ein unrealistisch strahlendes Licht zu rücken.

Ein Manager konnte nachts nicht schlafen und meinte, er müsse den Beruf aufgeben und sich in ein Sanatorium zurückziehen. Dieser depressive Zusammenbruch war in dem Moment aufgetreten, als er eine bisher höchst erfolgreiche Arbeit als Berater anderer Unternehmen aufgegeben und selbst ein Vorstandsamt übernommen hatte. In diesem Fall war es noch sehr positiv, dass er nur sich selbst nach Durchschnittstagen entwertete. Er richtete seine Aggression gegen sich und suchte schließlich Hilfe, die ihn recht schnell wieder arbeitsfähig machte.

Problematischer sind Manager, die ihre Aggressionen nach außen richten. Sie suchen dann nach ungesunden Formen der Aufwertung, die sie persönlich und ihre Umgebung noch weiter destabilisieren. Beispiele für narzisstisch gestörtes Verhalten eines Vorgesetzten:

1. Er bügelt Widerspruch nieder, auch wenn der Einwand berechtigt ist und die Produktivität steigern würde.
2. Er entwertet Konkurrenten und redet schlecht über sie, um das eigene Selbstgefühl aufzubessern.
3. Er rivalisiert mit Mitarbeitern, reißt ihnen Arbeit aus der Hand, um ihnen zu zeigen, dass er es besser kann.
4. Er macht sich und anderen unrealistische Versprechungen und verleugnet Schwierigkeiten.
5. Er liefert sich Schmeichlern aus, die ihn auch angesichts seiner Fehler narzisstisch bestätigen.

Da in einer komplexen Organisation Fehler unvermeidlich sind, ist es ein wesentliches Ziel einer neuen Führungskultur, fehlerfreundlich zu sein und immer an der Bewältigung kleiner Störungen die Aufmerksamkeit und die Kompetenz für die Vermeidung gravierender Probleme zu schulen. Die einseitige Orientierung an guten Gefühlen, an positiven Einstellungen, an einem Klima, in dem alle Mitarbeiter glücklich und zufrieden sein *müssen*, verhindert die Wahrnehmung kleiner Irritationen.

Induzierter Größenwahn

Wenn wir ein Auto zur Reparatur bringen, würden wir eine Werkstatt sofort verlassen, in der ein Mechaniker in einer Lasershow dem Fahrzeug vermittelt: »Du schaffst es, du bist toll, du bist ein Rennwagen, wenn du es nur willst!« Menschen sind erheblich komplizierter als Autos, aber es ist heute selbstverständlich geworden, dass viele, die sich nicht erfolgreich, dynamisch, »motiviert« genug fühlen, ein »Motivations«- oder »Erfolgstraining« aufsuchen. Dieses beruht vielfach darauf, die genaue Erforschung der inneren Blockaden durch einen Anwärter auf das Unwort des Jahres zu ersetzen: »Positives Denken«[9]! In Wahrheit gibt es richtiges oder falsches Denken, aber kein positives oder negatives. Das heißt, positives Denken ist entweder nicht positiv oder kein Denken.

Zu den Illusionen, welche die moderne Gesellschaft mit ihren Vorstellungen von Aufklärung produziert und gegen die frommen Traditionen gesetzt hat, gehört die Aussicht auf eine mehr und mehr von Selbstkritik und Rationalität bestimmte Welt. Kritisches Denken, das uns an die Realität bindet, scheint ein verpflichtendes Gebot zu sein. Wie sollen wir sonst die komplexen Technologien beherrschen, von denen wir abhängen und die nur mit seiner Hilfe entwickelt werden konnten? Aber so einfach ist das nicht. In der modernen Wirtschaft geht es oft um sehr kurzfristige Erfolge. Die Qualität der Produkte wird dann ebenso uninteressant wie die langfristige Entwicklung der Mitarbeiter.

Manager, die nachhaltigen Erfolg haben wollen, müssen sich über die zyklische Natur menschlicher Bedürfnisse und Leistungen informieren. Wer die eigene Lust-Unlust-Regelung zu lange und zu strikt vergewaltigt, kann am Ende – wie der typische Ausgebrannte oder Depressive – vor Müdigkeit in der Arbeit nichts leisten und nachts vor Stress und Angstvisionen nicht schlafen. Wer ausschließlich positiv sein muss, wird depressiv;

wer auch traurig, ängstlich und bedürftig sein darf, kann unterscheiden, wo er seine Stärke braucht und wo er seine Schwäche zulassen kann.

Charakteristisch für solche pseudostarken Vorgesetzten ist die absolute Intoleranz für jede Schwäche ihrer Untergebenen, in deren Abwertung und Bekämpfung sie dann die eigene Stärke herausstellen wollen. Der dauerhaft belastbare Manager hingegen hat seine Sensibilität für sich wie für andere bewahrt. Wenn er eine Durchhalteparole ausgibt, dann geschieht das nicht aus einem blinden Prinzip, etwa dass sozusagen grundsätzlich der innere Schweinehund bekämpft werden muss, sondern aus Einsicht in eine augenblickliche Notwendigkeit. Misserfolge werden erkannt und ernst genommen, um aus ihnen zu lernen, nicht verleugnet oder auf die Unfähigkeit anderer reduziert.

Wer solche Formen der Führung fördern will, muss mit Ängsten rechnen. Wenn Menschen den Kontakt zu ihren Gefühlen verloren haben, dann fürchten sie sich vor dem kleinsten kindlichen Zug an ihnen und ihren Mitarbeitern, weil sie diesen nicht zyklisch – als Ausdruck eines vorübergehenden Zustands, als Krisensignal, als Entspannungsform – deuten, sondern linear. Sie fürchten, dass nach dem Alles-oder-nichts-Prinzip die Kontrolle und die Vernunft ein für alle Male in einem regressiven Sumpf versinken, wenn man nur die geringste Unordnung oder Regelwidrigkeit toleriert.

Gestützte Grandiosität: Ein Modell des menschlichen Selbstgefühls

Der Sehnsucht nach mehr Selbstsicherheit begegnen wir so oft, dass wir versucht sind, sie für allgemein gültig zu halten und über der Geschichte anzusiedeln. Wenn irgendwann ein Mann lange genug darüber räsoniert hat, dass er einfach den rechten Beruf nicht gefunden hat, wenn eine Frau über ihre vergebliche, nach aussichtsreichem Beginn immer wieder gescheiterte Suche nach dem richtigen Mann berichtet, kommt es irgendwann zu dem Punkt, an dem die Individuen wie überführt – eher bedrückt als erleichtert – ihre längst gesammelte Erfahrung erneut entdecken: Ich weiß schon, es liegt eigentlich an meinem Selbstgefühl. Ich bin nicht selbstsicher genug. Die Kategorie des Selbstgefühls erscheint hier wie eine letzte Wahrheit, eine Erklärung, hinter die keine andere Erklärung dringen kann. Aber auch das Selbstgefühl hat seine Geschichte und seine Eigenheiten.

Nach einer längst klassischen Unterscheidung der Soziologie lassen sich »Gemeinschaft« und »Gesellschaft« differenzieren (Ferdinand Tönnies). »Gemeinschaft« bezeichnet das sozialromantisch Gute der »alten Zeit«, die enge, nachbarschaftliche Fürsorge, Kontrolle und Geborgenheit. Wer in ihr lebt, gewinnt sein Selbstgefühl nicht aus einem gegen die anderen gesetzten Empfinden von Individualität, sondern aus seiner Geborgenheit in einem Ganzen. Die »Gesellschaft« wiederum lässt sich mindestens in eine moderne und eine postmoderne Form teilen: Die moderne ist als System so stabil, dass die Individuen ihre Identität durch den Platz gewinnen, den sie sich in diesem System erobern und den sie im Prinzip ihr Leben lang halten können. In der postmodernen hingegen ist das zentrale Sicherheitskonzept die Fähigkeit, ein ganz eigenes Netzwerk aufzubauen und in diesem die starken Schwankungen des Sozialsystems abzufangen, in dem weder der einmal erreichte Beruf noch der Arbeitsplatz noch die Liebesbeziehungen sicher sind.

Unverkennbar baut das postmoderne Individuum in den Architekturen seines Selbstgefühls an einer Struktur, welche die verlorene Geborgenheit in der »Gemeinschaft« ersetzen soll. In allen romantischen Rekonstruktionen sind die Neuentwürfe idealer und distanzieren sich von den realen oder vermeintlichen Konstruktionsübeln ihrer Vorbilder so wie ein Ritterschloss König Ludwigs II. von einer wirklichen Burg des Mittelalters.

Was die deprimierte Frage »Habe ich das ›Richtige‹ nicht gefunden, weil ich nach Unmöglichem strebe oder weil ich zu träge bin?« offen hält, kann sich in der Einsicht nicht völlig lösen, dass ich nach einer Aufwertung hungere, die mir die Realität nicht beschert. Wenn ich idealisiere, was ich besitze, kann ich nicht sicher sein, dass es mir in diesen unsicheren Zeiten bleibt. Ich muss mich vor der Abhängigkeit fürchten, in die ich mich begebe. Wenn ich es aber entwerte, kann ich hoffen und sehnen, bin unabhängiger – da bereits enttäuscht von meiner Gegenwart und nicht in ihr zu Hause – und muss nur fürchten, niemals anzukommen.

Überraschende Parallelen zur Dynamik des Selbstgefühls bietet die Kunstgeschichte, vor allem in den Beziehungen zwischen Werk, Künstler und Auftraggeber. Nach der Französischen Revolution ist die Zeit der Hof- und Unternehmerkünstler zu Ende, deren Werkstätten im Auftrag von Kirche und Adel definierte Aufgaben erfüllten. Adressat und »Auftraggeber« der modernen Künstler sind der Markt, die Händler, die Träger von Kunstausstellungen. Subjektiv haben die Künstler, wie jüngst Oskar Bätschmann[10] gezeigt hat, mit grassierenden Gefühlen von Nutzlosigkeit reagiert.

Um 1800 haben sich zwei Lösungen herauskristallisiert, die

zwischen Resignation und Selbstüberschätzung schwanken. Im einen Fall imaginieren die Künstler eine radikale Krise und sehen den Tod der Kunst voraus, im anderen ernennen sie sich zum Demiurgen, planen ein »Gesamtkunstwerk« und übernehmen gewissermaßen die Rolle des verlorenen Feudalherrn gleich mit. Am besten ist das vielleicht Richard Wagner gelungen. Ihm half sehr, dass er, für eine Weile, in dem Bayernkönig Ludwig II. einen Mäzen fand, der ebenfalls mit dem Verlust an Glanz und Macht der Feudalherren im bürgerlichen Zeitalter rang und es sogar vermochte, seine Luftschlösser tatsächlich zu bauen, ehe ihn »vernünftigere« Zeitgenossen entmündigten.

Eine weitgehend narrensichere Steuerung des Selbstgefühls ergibt sich für den Menschen nur dann, wenn er unter Lebensumständen existiert, die keine langfristigen Planungen ermöglichen und daher auch keine grandiosen Projektionen erlauben, was die Zukunft bringen und was er in Zukunft sein müsste. In dieser Situation kann niemand längere Zeit auf genaue Realitätsorientierung verzichten, ohne zu sterben. Dieser Mensch hat keine Möglichkeiten, die Fantasie aufrechtzuerhalten, dass sein gegenwärtiges Leben nicht sein wahres ist und dieses sich erst in der Zukunft abspielen wird. Auch die Chancen, persönliche Grandiosität durch einen materiellen Sockel zu untermauern, sind gering. Es gibt unter diesen Lebensbedingungen niemanden, der als »Prinz« auf die Frage »Wer bist du?« antworten und von einem Vater berichten kann, der über viele Menschen und Länder gebietet.[11]

Nicht nur die raue Wirklichkeit lässt in den archaischen Gemeinschaften die Größenfantasien nicht wachsen. Es gibt, verglichen mit der Welt voller Medienhelden, in der wir leben, auch viel weniger und weniger eindrucksvolle Vor-Bilder. Wer dort in kindlicher Angst und Unsicherheit Ausschau hält nach unerschütterlicher Macht, sieht nur – Menschen. Er sieht reale Frauen und Männer. Er kann sie berühren und riechen, sie können ihre Schwächen nicht dauerhaft vor ihm verbergen.

Dass der Mensch Vorbilder sucht, um Stärke zu gewinnen, ist ein Grundgesetz seines seelischen Wachstums und wohl schon ein Primatenerbe, denn gruppenlebende Tiere lernen von ihresgleichen. Wissen wird so schneller und besser an wechselnde Umstände angepasst als auf dem mühsamen Weg der Vererbung. Die organischen Systeme steuern nur Hunger und Durst, Lust und Schmerz. Schon im Bereich der Sexualität spielen Strukturen eine zentrale Rolle, die sich vom Organischen abgekoppelt haben.

Das Selbstgefühl speist sich aus Vorbildern, aber diese Vorbilder werden nicht kopiert, sondern verwertet, um aus ihnen einen eigenen Entwurf herzustellen. In traditionell bestimmten Umwelten ist dieser Entwurf der Realität nahe und von einfacherer Bauart, eben weil auch die Welt enger und übersichtlicher ist. In der Moderne ist dieser Entwurf grandios und aus unendlich vielen Elementen kollagiert. Daher veraltet die Psychoanalyse, wenn sie an dem Glauben festhält, dass die prägenden Einflüsse auf das narzisstische System frühkindlich und allenfalls ödipal sind. Das ist ein tröstliches Märchen, das sich Psychoanalytiker erzählen, wenn sie die Vielfalt der Realität außerhalb ihrer Behandlungszimmer durch Reduktion auf Zwei- und Dreipersonenszenarien überschaubar machen. Die Collage als Basis des Selbstgefühls führt dazu, dass moderne Menschen grandiose Gebäude errichten. Sie können eindrucksvoll bestehen oder exemplarisch scheitern.

In unserem Modell vergleichen wir das moderne Selbstgefühl mit einem jener tropischen Bäume, die Luftwurzeln treiben. So können ausladende Äste, die vom nächsten Sturm gebrochen würden, eine Stütze nach unten senden, die sich im Boden verankert und dazu beiträgt, dass die Äste weiter und weiter ausgreifen können, bis ein einziger Baum eine große Fläche bedeckt. Aber dieser Vergleich trifft nur auf Lebensläufe zu, in denen Expansion und Sicherung in einem stabilen Verhältnis zueinander stehen. Narzisstische Krisen sind meist durch Autoaggression in ihren verschiedenen Gestalten – wie körperliche Erkrankungen, Schuldgefühle, Depressionen, Selbstmordpläne, Gefühle innerer Leere – charakterisiert. Sie treten dann auf, wenn entweder das grandios ausgreifende Selbstgefühl keine Stützen in der Realität findet oder solche Stützen wegfallen, ohne dass es gelingt, das entstandene Ungleichgewicht durch einen Prozess der Frontverkürzung und Gesundschrumpfung (der »Trauerarbeit«) zu beseitigen.

Die Stützen unserer Grandiosität, die sie sozusagen alltagstauglich und wetterfest machen, haben vielerlei Gestalt. In ihrer ältesten Form sind es vielleicht Werkzeuge, Dinge, die ein Urmensch nicht nach Gebrauch fortgeworfen hat wie der Schimpanse den Prügel, mit dem er einen Leoparden verscheuchte, sondern behalten, bearbeitet und verfeinert: den Faustkeil, die Keule, den Speer. Waffen verleihen bis heute ein Gefühl der Sicherheit und Überlegenheit.

In den Heldensagen gibt es immer magische Schwerter, an denen jede andere Waffe zerbricht, Helme und Schilde, die unfehlbar schützen, Gürtel oder Ringe, die Zwölfmännerstärke verleihen. Sie verdeutlichen symbolisch, wie sehr das Selbstgefühl der Stütze bedarf. Bereits in den Märchen und Sagen wird auch eine elementare Geschlechterteilung des Selbstgefühls fassbar: Männer tragen magische Schwerter und Ringe, welche die Körperkraft von zwölf Männern geben; Frauen aber einen magischen Gürtel, der jeden mit Liebe für seine Trägerin erfüllt.

Wir können weiter zwischen Stützen und Entlastungen des Selbstgefühls unterscheiden. Stützen sind vor allem Heimat, Erfolg, (Liebes-)Beziehungen zu nahe stehenden Menschen. Entlastungen sind Humor, Kreativität und Synthesen beider wie Weisheit, aber auch der religiöse Glaube, wissenschaftliche oder künstlerische Interessen.

Nun ist der Aufbau des menschlichen Narzissmus komplizierter, als ihn unsere Metaphern zeigen können. Stützen sind notwendig – sie können innere und damit unsichtbar oder äußere und damit sichtbar sein. Wenn beispielsweise ein Mann von seiner Frau verlassen wird, büßt er in der Regel eine Stütze seines Selbstgefühls ein. Männer reagieren sehr unterschiedlich auf diese Situation: Manche mit heftigster Wut, andere mit Trauer, der eine ist vielleicht erleichtert, denn jetzt ist er das Schuldgefühl wegen seiner heimlichen Liebschaft los, der andere verzweifelt und suizidal; der eine stürzt sich mit doppelter Energie in seine Arbeit, der andere ist arbeitsunfähig und wird zum Trinker.

Die mörderische Aggression, welche Trennungen gar nicht selten freisetzen, erscheint als eine Notfallreaktion, eine Rückkehr zu primitiver Gewalt, um den jetzt der Stütze beraubten Teil des Selbstgefühls daran zu hindern, die Stabilität des Ganzen zu gefährden. Auch die Soldaten in einer belagerten Festung sprengen das Vorwerk in die Luft, ehe es vom Feind eingenommen wird, obwohl sie es bis zur letzten Minute mit großen Opfern verteidigt haben.

Wenn manche Menschen diesen Schrumpfungsprozess so viel günstiger gestalten können als andere, liegt das an inneren Strukturen. Ein verlassener Mann, der sich selbst oder seine treulose Frau erschießt, weil er sich der zentralen Stütze seines Selbstgefühls beraubt erlebt, hat keine innere Struktur, keinen Halt, der es ihm ermöglicht, das Geschehene einzuordnen. Er verfügt nicht über Möglichkeiten, sich zu entlasten oder neue Stützen zu gewinnen. Das bedeutet, er kann das Scheitern seiner Liebesbeziehung nicht von einer grundsätzlichen Entwertung seiner Liebesfähigkeit trennen. Er erlebt die Frau in der Art einer fremden, äußeren Stütze, die ihm Halt versprochen hat und jetzt diesen Halt raubt, ohne dass er irgendeine Chance hat, diesen Verlust wieder gutzumachen.

Viel spricht dafür, dass diese innere Struktur, die in narzisstischen Krisen sozusagen Halt gibt und Differenzierungen ermöglicht, mit frühen Erfahrungen zusammenhängt, durch eigene Zuneigung und freundliches Entgegenkommen auch andere zu solchen Gefühlen bewegen zu können. Wir wissen nicht genau, was in diesen frühen Stadien der seelischen Entwicklung des Menschen geschieht. Die Rekonstruktionen durch Autoren wie Melanie Klein, Margret Mahler oder Heinz Kohut sind höchst spekulativ.

Wir wissen nicht, ob kleine Kinder tatsächlich ein Größenselbst besitzen, das sie festhalten, wenn die maximale Frustration in ihrer Erziehung ausbleibt; was wir beobachten, sind Erwachsene, deren Selbstgefühl immer wieder zusammenbricht, weil ihre Größenvorstellungen keine Stützen in der Realität finden. In ihrer Lebensgeschichte beobachten wir dann gestörte Elternbeziehungen (diese aber finden wir in äußerlich ähnlicher Form auch bei nicht derart auffälligen Personen). Die Erwachsenen, mit denen das Kind aufwuchs, waren ihrerseits labil und narzisstisch anspruchsvoll, überforderten es durch Perfektionsansprüche und eigene Schwächen, missbrauchten es als Bundesgenossen ihrer Entwertungskriege.

Insgesamt scheint mir die Frühstörungstheorie für das Verständnis und den praktischen Umgang mit Selbstgefühlsstörungen von begrenztem Wert. Sie nützt, wenn sie uns zu einem forschenden und akzeptierenden Umgang führt und uns hilft, die eigenen Entwertungsgefühle in der Arbeit mit solchen Störungen besser zu bewältigen. Sie schadet, wenn sie passive und regressive Haltungen fördert, indem sie Strukturen anbietet, welche den Rückzug in die Opferposition und die Ausrede der schweren Kindheit erleichtern.

Wer ein Feuer löschen will, muss so viel Abstand halten, dass weder seine Kleider brennen noch der Rauch ihn erstickt. Nähert er sich in seinem Übereifer dem Brand zu sehr, ist seine Mühe nicht nur nutzlos, sondern sie verkehrt seine Aufgabe ins Gegenteil, denn nun müssen andere, die an sich den Brand löschen könnten, sich um einen versengten Feuerwehrmann kümmern. Wer einem Menschen aus seinem kannibalischen Narzissmus heraushelfen will, der darf nicht von diesem erfasst werden, weil er sonst seinem »Patienten« nicht hilft, aber anderen Helfern, die mehr ausrichten könnten, im Weg steht.

Schwer zu beantworten ist, welche Faktoren über die nicht allein ausschlaggebenden Traumatisierungen der Kindheit hinaus eine Rolle spielen. Es könnte sein, dass Forschungen, welche aussagen, dass manche Kinder schwerste Verletzungen gut überstehen, einfach zu oberflächlich sind. Auch wenn beispielsweise einem Kind die Mutter kurz nach der Geburt starb, die Stiefmutter es ablehnte, der Vater es nicht schützte, mag der eine Forscher die Großmutter übersehen, zu der dieses Kind sechs Jahre lang bis zu ihrem Tod eine enge Beziehung aufbaute, während der Analytiker nach einigen Jahren gemeinsamer Arbeit in den Einfällen zu einem Traumbild Erinnerungen an diese Großmutter aufdeckt, die bisher verloren waren.

Ein anderer Gesichtspunkt ergibt sich aus der Evolution: Unter »naturnahen« Lebensumständen, auf die unsere biologisch definierbaren Entwicklungsgesetze zugeschnitten sind, sterben Kinder, an die sich deren Angehörige nicht ausreichend gut (»good enough«) binden. Das bedeutet, dass die Frühstörungen und die an sie geknüpften Mechanismen des kannibalischen Narzissmus Produkt einer Kultur sind, in der das Gesetz über das Gefühl dominiert. Die Mechanismen von Idealisierung und Entwertung ohne Rücksicht auf kreatürliche Lust sind dann kein individuelles, sondern ein soziales Problem, ein Zeichen für den Aufbau von Strukturen, die zugleich lebensfeindlich und lebenserhaltend sind. Diese Strukturen entstehen zu einer Zeit, in der kriegerische Elemente kulturell erstarren.

Auch die Jäger und Sammler des Paläolithikums sind wehrhaft, aber es gibt keinen organisierten Feldzug und keine militärische Disziplin. Ein Soldat, der kämpft, obwohl er sich fürchtet und lieber weglaufen möchte, ist das soziale Modell für Mütter, die ein Kind betreuen, obwohl sie sich ihm nicht wirklich zuwenden und es ausreichend gut versorgen können.

Wenn heute nach dem Urteil der meisten Experten narzisstische Störungen zugenommen haben und weiter zunehmen, mag das auch daran liegen, dass Kinder überleben, die niemand wirklich haben will und an denen niemand leidenschaftlich hängt.

Realitätsverluste der Individuen ...

Das narzisstische System bringt Menschen dazu, Lust zu opfern. Diese Opfer erfolgen nur teilweise unter dem Einfluss der Realität, wie es die Lehre vom Lustprinzip aussagt, welches das Realitätsprinzip überformt. Ein sinnliches Realitätsprinzip gilt uneingeschränkt nur für die archaische Situation des Sammlers und Wildbeuters; für ihn ist der Zusammenhang zwischen Lustopfer und etwa Nahrungserwerb in den meisten Fällen eindeutig. Bereits in der agrarischen Kultur ist das anders. Das Realitätsprinzip gewinnt abstrakte Merkmale. Der Bauer darf sein Saatgetreide nicht essen, auch wenn der Erfolg seiner Aussaat erst in Monaten eintritt und durch ungünstige Einflüsse zunichte gemacht werden kann, so dass er nach langer Mühe nicht einmal so viel hat, wie anfangs da war.

Das narzisstische Wachstum des Bauern ist somit bereits erheblich instabiler als das des Sammlers, er muss weiter ausgreifen und ist der Stabilisierung längst nicht so sicher wie dieser. Umgekehrt erhöht sich aber auch seine Grandiositätschance beträchtlich. Wenn er nach einigen reichen Ernten und geschickter Wirtschaft zum Herrn über Knechte, Mägde, Kinder und Vieh wird, errichtet er einen steinernen Turm, um seine Macht unzerstörbar darzustellen.

Unter den Bedingungen der archaischen Gesellschaft steht ein Mensch auf, weil er friert oder Hunger hat, er bewegt sich, um etwas Essbares zu finden, er isst es und ruht; wenn seinesgleichen es ebenso hält, sind auch die sexuellen Beziehungen einfach. Vermeidung von Schmerz, von Hunger, Durst, Spannungszuständen und Angst ist ebenso lustvoll wie die reine Lust, die wir aus den sinnlichen Befriedigungen beziehen. Wir wissen heute, dass die archaischen Kulturen diesem Bild näher kommen als ihre Nachfolgerinnen, aber es ist uns auch klar, dass romantische Idealisierungen dieses Bild eingefärbt haben und bis heute mitbestimmen.

Zur Zeit Rousseaus entstand der Mythos vom edlen Wilden. Archaische Kulturen sind aber sehr stark normgebunden; die Menschen dort wissen vielleicht mehr über Tiere und Pflanzen als wir, aber sie stehen ebenso wie wir der Natur gegenüber, sind keine »Naturmenschen«. Wenn wir an die Beliebtheit der Affenmaske in Afrika denken, können wir vermuten, dass in der kultischen Kreativität dieser Gruppen durchaus dieselben Sehnsüchte wirken, wie Rousseau sie formulierte: der Wunsch nach einer Welt ohne Stolz und ohne Vorschrift, nach einem Leben aus dem Augenblick heraus, allein den sinnlichen Wünschen folgend.

... als Folge der kulturellen Evolution

Beobachten wir unser Alltagsverhalten im 20. Jahrhundert. Was geschieht mit unserem narzisstischen System – unserem Selbstgefühl –, wenn nicht eine ebenso unbarmherzige wie letztlich auch gnädige Realität täglich dafür sorgt, dass Größenfantasien wieder entleert und auf die Wirklichkeit abgestimmt werden? Der weit größere Anteil unserer Handlungen richtet sich auf narzisstische Befriedigung. Vor allem bemühen wir uns, Scham oder Schuld zu vermeiden, die uns plagen, wenn wir von einer der narzisstisch besetzten Rollen abweichen, die wir in unserer sozialen Umgebung spielen. Es gibt mehrere von ihnen, und sie sind die wesentliche Stütze des Selbstgefühls in der komplexen Gesellschaft, dem Chitinpanzer der Käfer vergleichbar.

Schon immer war den Menschen Mode sehr wichtig: Wenn ich mich so kleide, frisiere, schminke und bewege, wie es »richtig« ist, wenn ich das richtige Tier an einer Leine mit mir führe, reite oder die richtige Maschine fahre, ist mein Selbstgefühl stabil; wenn mir das nicht gelingt, fühle ich mich beschämt, schlecht, unterlegen; nur in Ausnahmefällen kann ein trotziges »mehr sein als scheinen« diese Stabilisierung ersetzen. Auch Understatement setzt eine mächtige Gruppe voraus, die es schätzt und pflegt.

In der postmodernen Gesellschaft (die ich lieber Konsumgesellschaft nenne, weil mir das eindeutiger erscheint) ist dieser narzisstische Stress zur Regel geworden. Nicht zum Kirchgang, zum Ball, zum Ausgehen muss ich der Mode entsprechen, sondern jederzeit; das beginnt schon im Kindergarten und führt in der späten Kindheit und Adoleszenz zu identitätsstiftenden Ritualen, in denen die »richtigen« Schuhe, Musikträger oder Jacken über Gruppenzugehörigkeit und Identität mitentscheiden.

Die Mode überformt eine ältere soziale Kategorie, die Rolle. Sie ist das erste genauer erforschte Gefäß des menschlichen Narzissmus und entfaltet erstaunliche Macht, indem sie über unser Selbstgefühl richtet. Der Rolle zuliebe verzichten wir darauf auszuschlafen, zu essen, was uns schmeckt, und unsere Feinde so zu verprügeln, wie sie es verdienen. Die Rolle macht uns den Unterschied zwischen Nehmen und Stehlen klar und steigert in vielen Fällen ihre Forderungen so, dass sie die Illusion einer himmlischen Befriedigung nach dem irdischen Tod aufsteigen lassen muss. Denn die ausgreifenden Verzweigungen der menschlichen Grandiosität können durch Illusionen – zumindest teil- und zeitweise – ebenso aufrechterhalten werden wie durch Stützen von Seiten der Realität. Philosophische und theologische Systeme machen vielfach keinen Unterschied zwischen der Realität, die wir mit anderen teilen, und der Illusion, die unsere Lehrer für wahr halten.

In der Tat wird der Unterschied zwischen Illusion und Realität erst deutlich, wenn wir bis zur Grenze der Illusion vordringen: Wie ein Ballon zerplatzt sie dann, während die Realität keine Grenze hat und deshalb auch nicht platzt. Wer zu bequem ist, nach dieser Grenze zu suchen, oder zu kraftlos, sie zu erreichen, der lebt in der Illusion wie in der Realität und kann beide nicht unterscheiden. Oft übersteigt es die Kraft vieler Generationen, die Grenze zu finden – wie lange hat es gedauert, die primitiven Vorstellungen von Himmel und Hölle als Illusion zu erkennen, und wie vorläufig ist die Preisgabe dieser Illusion noch immer.

Es kostet viel Zeit und Mühe, in der Untersuchung einer Lebensgeschichte zu erkennen, welche Teile des Selbstgefühls auf Illusionen beruhen und welche reale Grundlagen haben. Meist lässt sich diese Frage gar nicht entscheiden, individuell so wenig wie sozial. Die hoch entwickelten Religionssysteme achten heute sorgfältig darauf, sich nicht mehr in Widerspruch zu einer erforschbaren Realität zu setzen. Sie gestehen zu, dass sie nichts beweisen und keine Wunder tun können; wer aber will so borniert sein, sich ihres Trostes zu entschlagen?

Wie schwer es ist, ohne Illusionen zu leben (die »Lebenslüge« nannte sie der Skeptiker Ibsen), erkennt der Unternehmensberater so gut wie der Paartherapeut: Über Nacht, wenn die »wahren Absichten« eines eigensüchtigen Chefs, eines intriganten Mitarbeiters, eines untreuen Ehemanns durch einen Zufall entdeckt worden sind, wird aus Zuversicht Verzweiflung, aus Vertrauen Hass, aus Ruhe Schlaflosigkeit. In Wahrheit hat sich nichts geändert, wird sich voraussichtlich nichts ändern, es sei denn durch die Rache des Enttäuschten, der nicht mehr in seine frühere, tröstliche Illusion zurückfinden kann, dass Chefs es vermeiden, Erfolge der Mitarbeiter als eigene auszugeben, Mitarbeiter Vorteile opfern, um ihre Loyalität zu beweisen, Ehepartner treu sind.

Illusion und Angst

Für das normale Wachstum des Selbstgefühls ist das ausgewogene Verhältnis von Grandiosität und Realität, von Ausgreifen und Abstützen notwendig. Es mag manchen Leser stören, wenn die Vorstellung persönlicher Grandiosität hier als Bestandteil des normalen Selbstgefühls genannt wird. Aber entsprechende Beobachtungen sind derart verbreitet und schlüssig, dass die imaginäre Grandiosität als menschlicher Grundzug beschrieben werden sollte. Größenvorstellungen sind auch bei gut angepassten und selbstkritischen Personen nachweisbar, welche sie nur dann aktivieren, wenn sie sich unbeobachtet fühlen.

Alle Menschen brauchen Illusionen, um sich vor den Schrecknissen der Realität zu schützen: vor der Allgegenwart von Schmerz und Tod. Irrationale Ängste, zum Beispiel die vor harmlosen, selbst ängstlichen Lebewesen wie Spinnen oder Mäusen, beruhen auf einem Überschießen der realitätsorientierten Abwehr von Gefahren. Irrationaler Mut hingegen basiert auf einer illusionären Überschätzung der eigenen Fähigkeiten und einer ebenso illusionären Verleugnung des drohenden Schmerzes.

Wenn der Motorradfahrer nicht überzeugt wäre, dass ihm nichts passieren wird, würde er nicht starten; je eher er sich zumindest rational diese Möglichkeit zugesteht, desto vorsichtiger wird er fahren. Optimale Angst steigert die Wachsamkeit; sie muss von der lähmenden Angst unterschieden werden, die alle Fähigkeiten in ein schwarzes Loch zerrt.

Was den Narzissmus im 20. Jahrhundert angeht, so lassen sich viele der Vergleiche wiederholen, die Freud verwendet hat, um den gesellschaftlichen Missbrauch der Sexualität zu kritisieren. Eine dieser Metaphern ist die Geschichte vom Stadtpferd der Schildbürger. Freud erzählt sie als Geschichte vom übermäßigen Triebverzicht (das Stadtpferd soll des Hafers entwöhnt werden, erhält pro Tag einen Halm weniger und stirbt an dem Tag, da es endlich »haferfrei« arbeiten soll). Man kann sie aber auch als Geschichte über eine Größenvorstellung erzählen, die den Kontakt zur Realität verliert und daher ein hohes Ziel in einen tödlichen Absturz kippen lässt.

Der Machbarkeitswahn und die Idolisierung der Leistung sind auch dann bedrohlich, wenn sie nicht auf »haferfreies« Arbeiten zielen. Gerade die Psyche des sozialen Aufsteigers wird durch die zahllosen Bestätigungen seiner Fixierungen an Leistung und Geltung gehindert, ihr Gleichgewicht zu finden. Heute gehört es zum Repertoire des Durchschnittsmenschen, seine Durchschnittlichkeit nicht zu akzeptieren, sondern sie durch die Illusion, etwas ganz Besonderes zu sein, zu verleugnen.

Trümmer dieser Illusionen liegen vielen als unüberwindliche Hindernisse im Weg, auch nur die Wonnen der Gewöhnlichkeit zu erreichen. Wer darf sich schon, wie es die Realität gebietet, an oben *und* an unten messen, sich nicht nur mit dem Primus, sondern auch mit dem Schlusslicht der Klasse vergleichen, nicht nur den Vorstandsvorsitzenden zum Maß seiner Karriere machen, sondern den gescheiterten Sachbearbeiter, der auch einmal ein Hoffnungsträger im Assessment-Center war?

Wer hat, kann nehmen. Wer nicht hat, geht leer aus

Der Teufelskreis einer narzisstischen Wachstumsstörung liegt darin, dass reale Rückschritte durch imaginäre Grandiositäten kompensiert werden, welche die real möglichen Schritte immer kleiner und unattraktiver erscheinen lassen. Die dadurch entstehenden Gefühle von Scham und Schuld werden schließlich durch destruktive Mechanismen kompensiert, zum Beispiel durch Betäubung der Schmerzempfindlichkeit mit Hilfe von Drogen, die ihrerseits neue Teufelskreise in Gang setzen. Saint-Exupéry lässt den kleinen Prinzen einen Trinker fragen:

»Warum trinkst du?«
»Weil ich mich schäme!«
»Warum schämst du dich?«
»Weil ich trinke.«

Wer bereits ein gewachsenes Selbstvertrauen hat, wird mit dem Gedanken in die Prüfung gehen, dass es unwahrscheinlich ist durchzufallen, wenn er nicht weniger gelernt hat als der Durchschnitt und bisherige Prüfungen ebenfalls bestanden hat.

Im narzisstischen Bereich gilt das »Wer hat, dem wird gegeben« in besonders eindringlicher Weise. Der Selbstsichere kann viel leichter auf destruktive Formen der Selbstaufwertung verzichten als der Selbstunsichere. Er kann über weite Strecken seines Lebens den kräftezehrenden Bewertungsapparat ausschalten und sich der Realität zuwenden, die seine Bemühungen umso mehr honoriert, je besser es ihm gelingt, Ansprüche und Möglichkeiten in Übereinstimmung zu bringen.

Der Selbstunsichere hingegen muss in jeder nur denkbaren Situation seine Überlegenheit, deren Mangel er so schmerzlich spürt, unwiderlegbar beweisen. Das kostet ihn immense Energien: Er verausgabt sich leicht und vergeudet viel Kraft damit, sich unwesentliche oder destruktive Aufwertungen zu verschaffen.

Er beobachtet scharf, wo es etwas abzuwerten gibt (denn dann ist er der Überlegene, der Prüfer, nicht der Geprüfte, der potenzielle Versager), und er beschäftigt sich damit, selbst zu vergleichen und Vergleiche anderer abzuwehren. Empfindlichkeit, Abschottung, die als »schizoid« beschriebene Charakterstruktur hängen damit zusammen. Die Nähe anderer Personen wird immer dann lästig oder gefährlich, wenn er sich von ihnen bewertet fühlt oder sie selbst bewertet; realistisch ist es, Störungen abzuweisen, aber nicht Menschen unter allen Umständen als störend zu empfinden.

Pharisäische und kannibalische Formen des Narzissmus

Obwohl sie eigentlich nichts anderes sein wollten als (mosaisch) gesetzestreue Bürger, haben die Pharisäer den Ruf der Bigotterie, den ihnen das Neue Testament verschafft hat, nicht wieder verloren. Sie sind in der Geschichte eigentlich nur als Metapher für Selbstgerechtigkeit und Heuchelei erhalten, ähnlich den Vandalen, die nicht weniger tugendhaft waren als andere Stämme wandernder Germanen, aber heute als Metapher für sinnlose Zerstörungslust (»Vandalismus«) dienen. Die Szene, in der ein Pharisäer angesichts eines Nicht-Pharisäers betet: »Herr, ich danke dir, dass ich nicht so bin wie dieser!«, spiegelt eine an sich noch harmlose Form der narzisstischen Stabilisierung. Aber der Übergang vom pharisäischen zum kannibalischen Narzissmus ist fließend.

Im pharisäischen Stadium wird die Entwertung des Nicht-Ich eingesetzt, um sich abzugrenzen und den eigenen Glanz dadurch zu erhöhen, dass man sich vor einen dunklen Hintergrund stellt, was selbst Porträtfotografen empfehlen. Der pharisäische Narzissmus ist universell. Seine allgemeinsten Formen sind die Überlegenheitsgefühle der Männer über die Frauen (und umgekehrt), der Jungen über die Alten (und umgekehrt), der Zwanghaften über die narzisstisch Gestörten (und umgekehrt), um einige Beispiele zu nennen. Freud spricht vom Narzissmus der kleinen Differenzen – Bayern verachten Preußen (und umgekehrt), Christen beargwöhnen Juden (und umgekehrt).

Der wesentliche Unterschied zwischen dem pharisäischen und kannibalischen Narzissmus ist, dass der Pharisäer seine Beziehung zu den Personen, über die er sich erhebt, nicht spaltet. Er verachtet sie und rechnet nicht damit, dass sie seine Vorzüge würdigen. Indem er sie entwertet, entwertet er nicht auch einen Teil seiner selbst,[12] wie das der Angestellte tut, der seine Firma oder seinen Chef entwertet, der Politiker, der schlecht von seiner

Partei redet, oder der Ehemann, der seine Frau als Xanthippe oder Schlampe darstellt.

Für den Psychoanalytiker enthält das Gleichnis vom Pharisäer ein ähnliches Problem wie die Aussage von Jesus, dass jener, welcher Verwerfliches denkt, kaum weniger böse ist als jemand, der es tut. Damit scheint ein Denk- und Fühlverbot ausgesprochen, das der Analytiker für hemmend und schädlich hält, eine Vermutung, die er durch seine klinische Erfahrung belegen kann. Jeder einigermaßen selbstkritische und reflektierte Mensch weiß, dass unerlaubte erotische Gelüste und blutrünstige Rachefantasien zum inneren Alltag des Gesetzestreuen gehören. Er begegnet dem Pharisäer in sich selbst nicht nur im Verhalten dieser biblischen Gestalt, sondern auch im Dünkel des Bescheidenen, der sich über den Heuchler erhebt.

Allerdings ist diese Sache nicht so einfach, wie sie sich auf den ersten Blick ausnimmt. Zunächst einmal wissen wir nicht genau, ob solche innere Freiheit nicht ihrerseits ein Ausdruck von Zeitströmungen ist. Sie gehört in die beginnende Industriegesellschaft, in eine Epoche, in der das Wirtschaftswachstum hedonistischere Einstellungen forderte und förderte. Jesus aber sprach für eine Epoche, in der Askese einer Bevölkerungsmehrheit von armen Bauern und Hirten das Leben leichter gemacht haben mag.

Ein anderer Aspekt ist der, dass eine Einstellung wie »Ich dünke mich jetzt überlegen, aber vielleicht ist das pharisäisch« doch eine ganz andere Welt erschließt als »Ich bin der Größte!« Im ersten Fall ist der Narzissmus reflektiert, durch eine Anfrage an das grandiose Selbst gebrochen; im zweiten expansiv, ungebrochen, in der Gefahr, niederzuwalzen, was ihm nicht behagt. Ähnlich werden wir zwar von dem absoluten Verbot böser Gedanken sagen, dass es die menschliche Psyche überfordert, aber wir werden es durchaus sinnvoll finden, wenn wir den Trieben keine absolute Macht über unsere Fantasie zubilligen.

Eine der ältesten Formen narzisstischer Aggression ist die Kon-

53

stitution von Sündenböcken. Für den Pharisäer ist der Nicht-Pharisäer auch ein Sündenbock; ohne ihn würde er sich nicht so tugendhaft fühlen. Wie archaisch und universell Sündenböcke sind, zeigt eines der epochalen Werke, die unsere Geistesgeschichte prägen: James Frazers zehnbändiger Text ›Der goldene Zweig‹. Das Motiv des Sündenbocks gehört zu den Themen, die Frazer am meisten beschäftigt haben.

Der Primitive, so belehrt uns Frazer, neigt mehr dazu als wir, seiner Umwelt menschliche Motivationen zu unterlegen. Nur sehr selten bewertet er ein Geschehen als zufällig. Tod und Krankheit, Missernte und Dürre, Glück oder Unglück in der Jagd schreibt er dem Einfluss feindlicher Mächte zu, etwa den Totengeistern oder der Magie übel wollender Zauberer. Ganz ist diese Zuschreibung nicht verschwunden. Noch heute werden bei jedem Krieg, jedem Unglücksfall und jeder Katastrophe Stimmen laut, die das Ereignis als Strafgericht deuten.

Beim jüdischen Versöhnungsfest wurde über zwei Böcke das Los geworfen. Einer wurde daraufhin geopfert, dem anderen aber legte der Hohepriester beide Hände auf und bekannte »alle Missetat der Kinder Israels und alle ihre Übertretung in allen ihren Sünden und soll(te) sie dem Bock auf das Haupt legen«, wie Luther die Vorschrift in 3. Mose 16 übersetzt hat. Dieser Bock wurde von einem Mann in die Wüste geführt und dort laufen gelassen.

Der amerikanische Sozialpsychologe Gordon W. Allport hat beobachtet, dass viele Menschen dazu neigen, eigene, verdrängte Hassgefühle oder verbotene Neigungen auf eine soziale Minderheit zu projizieren, um ihre eigene Neurose gewissermaßen in dieser zu bekämpfen. Hitler und seine Befehlsempfänger, die Millionen von Juden auf grausame Weise umbrachten, gaben vor, auf diese Weise nur sich selber und die Reinheit der arischen Rasse vor den Nachstellungen des Weltjudentums zu verteidigen.

Ein Sündenbock in der Supervision

In einer Balint-Gruppe für Führungskräfte beschreibt der Leiter des Pflegeteams einer operativen Station seine Schwierigkeiten mit einem Mitarbeiter, Herrn Detlev T. (Name geändert). Dieser habe einen schlechten Ruf bei allen, weil er faul sei, sich nicht an Anweisungen halte und oft wegen eigener Krankheiten oder der Pflegebedürftigkeit seiner Mutter im Dienst fehle. Andrerseits sei er schon lange im Haus und könne auch ordentlich arbeiten, wenn man ihn zur Rede stelle und Druck mache. Das halte aber nie länger an als einige Tage, dann sei wieder der alte Schlendrian da. Er wundere sich oft, wie viel Detlev einstecken könne. Er werde viel kritisiert und oft regelrecht entwertet, in einem Ton wie »Ach, der Detlev...«

Viele Chirurgen würden sich bei ihm als dem Stationsleiter vergewissern, dass Detlev bei längeren, komplizierten Operationen nicht am Tisch stehe, weil man sich nicht auf ihn verlassen könne. Er halte sich auch nicht an die vereinbarten Standards, wie die Siebe mit den Instrumenten vorzubereiten seien. Auch hier verspreche er Besserung, wenn ihm eine Abmahnung angedroht werde; er halte sich dann aber nicht daran und behaupte, er habe eben sein eigenes System.

Die Gruppenmitglieder reagieren überrascht und gereizt auf das große Verständnis des Leiters für Detlev. Einige sagen, sie hätten schon längst versucht, Detlev loszuwerden. Gründe dafür gebe es doch genug: Er halte sich nicht an die Anweisungen, telefoniere während der Arbeitszeit mit seiner kranken Mutter und sei deshalb nicht aufzufinden. Der Leiter scheint diese Kritik an seiner Führungsfähigkeit ähnlich abzuwehren wie Detlev die Kritik an seinen Leistungen im OP. Er reagiert nicht oder behauptet, bereits Lösungen gefunden zu haben (etwa die, dass Telefonate in der Zentrale registriert und Privatgespräche den Mitarbeitern berechnet werden). Er will von der Gruppe keine Hilfe dabei, Detlev hinauszuwerfen; sie soll ihm sagen, was er tun kann, um Detlev zu bewegen, seine Mängel endlich einzusehen und selbst aktiv zu werden, um sie abzustellen.

Der Stationsleiter übt diese Funktion seit einem Jahr aus. Er wurde aufgrund eines tragischen Ereignisses befördert: Seiner Vorgängerin, unter der Detlev zehn Jahre gearbeitet hatte, war fristlos gekündigt worden, weil sie nach Ansicht des neuen Geschäftsführers den Betriebsfrieden störte. Sie hatte sich daraufhin mit Tabletten vergiftet. Obwohl alle einig waren, dass die Leiterin zwar eine äußerst tüchtige OP-Fachkraft, aber menschlich für ihre Aufgabe ungeeignet war, fanden viele diese Kündigung zu hart. Sie warfen dem Geschäftsführer der Klinik vor, er habe die Dinge zu lange schleifen lassen und dann überreagiert. Den Suizid, so wurde getuschelt, müsse er auf sein Gewissen nehmen.

Der jetzige Leiter, bis zu diesem Ereignis Stellvertreter der Verstorbenen, war in seiner Fähigkeit geschwächt, Führung zu übernehmen. Durfte er denn etwas tun, ja überhaupt denken, das wie Ausgrenzung, Abmahnung, Kündigung anmutete? Das Team musste eine heile, schonungsvolle, aggressionsfreie Welt werden, um die Ängste vor einer Wiederholung der selbstmörderischen Situation zu bannen.

Niemand unter den Mitarbeitern würde energische Schritte gegen Detlev billigen, vermutete der Leiter. Er hatte freilich noch niemanden gefragt. Er wollte Detlev zu einer Verhaltensänderung bewegen. Das hielt er für sehr schwierig und riskant: Detlev sei psychisch labil, habe hohen Blutdruck, sei geschieden, müsse ständig Medikamente nehmen, müsse seine ängstliche Mutter versorgen, die oft seine Rückrufe einklage. Der Leiter hatte also einerseits die Klagen des Teams über Detlevs Schlamperei, Abwesenheit, seine Telefonate, seine Ausreden entgegenzunehmen; andrerseits musste er fürchten, als ähnlich böse wie der Geschäftsführer dazustehen, der vom Team als Sündenbock für den Selbstmord der früheren Leiterin angesehen wurde.

Jetzt wurde auch die Gruppensituation verständlich: Sie spiegelte die Haltung des Teams, den störenden, untüchtigen Detlev gleichzeitig auszustoßen und an ihm festzuhalten. Ähnlich beklagte der Leiter Detlevs Inkompetenz, hielt aber an seinem Lösungskonzept fest, dessen Scheitern bereits programmiert war: der Hoffnung, durch Zureden Detlev endlich doch noch zur Einsicht zu bewegen, die allerdings das Zureden in den Tagen, Wochen, Jahren vorher nie erreicht hatte.

Die Gruppenmitglieder berichteten über gereizte Stimmung oder Müdigkeitsanfälle: Ein Mann erlebte sich als geistig blockiert, eine Frau wütend über die Passivität der Männer – ob Detlevs oder des Stationsleiters, das wisse sie nicht, sie rege das einfach auf. Die Gruppensituation lässt sich so zusammenfassen:

1. Wir wollen nicht mehr über den unfähigen Detlev und die Unfähigkeit des Leiters sprechen, mit Detlev klarzukommen.
2. Wir finden kein anderes Thema (wenn wir uns von dem bisherigen Thema trennen, könnte etwas Schlimmes geschehen).

Warum halten Gruppen an Sündenböcken fest?

Obwohl auf den ersten Blick der Suizid der früheren Leiterin und die Probleme des jetzigen Leiters mit Detlev nichts miteinander zu tun haben, geht der unbewusste Zusammenhang weit darüber hinaus, dass das Gruppenklima nach den tragischen Konsequenzen einer »aggressiven« Maßnahme der Führung von besonders ausgeprägten Aggressionshemmungen bestimmt ist. Der »alten« Leiterin konnten alle Störungen im Team zugeschrieben werden; so lange es sie gab, fiel Detlev weit weniger auf, weil die geräuschvollen Probleme im Umgang mit der Leiterin seine schlechte Arbeit verdeckten.

Wenn Detlev jetzt in den Vordergrund rückt, dann hängt das wohl damit zusammen, dass der »alte« Sündenbock durch den

Übereifer des Geschäftsführers entfernt wurde. Jetzt konzentriert sich das Team auf Detlev und möchte gleichzeitig verhindern, dass auch er verloren geht. Der Stationsleiter spiegelt in der Balint-Gruppe diese Situation durch seine Unentschiedenheit, seine Entwertung Detlevs bei gleichzeitigem Festhalten an ihm. Die Gruppe übernimmt das Thema der Ohnmacht und des Festhaltens.

Wo unter Zeitdruck riskante, verantwortungsvolle Arbeit geleistet werden muss, wachsen auch die Bedürfnisse, das eigene Selbstgefühl vor den Risiken zu schützen, die ein Versagen in den geforderten Leistungen mit sich bringt. Der Sündenbock, von dem alle wissen, dass er schlechter arbeitet als sie, den alle zitieren können, wenn es darum geht, sich als tüchtiger, flinker, pflichtbewusster, geschickter zu profilieren, wird dann unentbehrlich. Immer wenn sich ein Teammitglied fragen könnte, ob es korrekt arbeitet, alle Vorschriften befolgt, nicht trödelt, nicht heimlich telefoniert, kann es sich auch sagen, dass es längst nicht so schlimm ist wie Detlev.

Wenn die Chirurgen bitten, nur nicht Detlev an den Tisch zu stellen, ist das ebenfalls ein für alle Nicht-Detlevs schätzbarer narzisstischer Gewinn. Ihn würden alle verlieren, wenn es keinen Detlev mehr gäbe. Daher die merkwürdige Mischung aus der Klage über Detlev – denn jede dieser Klagen erweist die eigene Überlegenheit – und dem Festhalten an ihm. Denn wenn Detlev abgemahnt und schließlich gekündigt würde, wäre das Team einer neuen Form von Rivalität ausgesetzt: Der bequem die eigene Überlegenheit erweisende Vergleich mit Detlev fiele weg, die bisher im Kontrast zu Detlev tüchtigen, pünktlichen, disziplinierten und einsichtigen Mitarbeiter müssten ihre eigene Hierarchie in diesen Qualitäten finden – oder einen neuen Sündenbock.

Der Teufelskreis narzisstischer Störungen

Stellen wir uns einen Motor vor, der so gebaut ist, dass er – wenn die Treibstoffzufuhr versiegt – aus seinem Baumaterial Energie gewinnen kann. Kurzfristig hat diese Konstruktion große Vorteile; ihr scheint spielend zu gelingen, woran andere scheitern. Während das von einem gewöhnlichen Motor betriebene Auto mit leerem Tank liegen bleibt und auf einen Abschleppwagen oder den Reservetank eines hilfsbereiten Passanten angewiesen ist, kann dieses kannibalische Modell alle nicht unbedingt funktionsnotwendigen Teile verzehren und auf diese Weise erheblich länger flott bleiben. Groß ist freilich die Gefahr, dass der Fahrer diesen Mechanismus überschätzt und auch dann noch nicht den Motor abschaltet, wenn dieser beginnt, unersetzliche Teile zu verbrauchen.

Ein Motor, der mit leerem Tank stehen bleibt, ist vor solcher Selbstzerstörung zuverlässig geschützt. Ein Motor, der in solchen Situationen, um weiterlaufen zu können, die eigene Integrität riskiert, hat diesen Schutz verloren. Ich kann mir nicht vorstellen, dass ein vernünftiger General seine Fahrer mit solchen Motoren ausrüsten würde, und ich würde nicht darauf wetten, dass eine mit solchen Motoren ausgerüstete Truppe weiter kommt und besser kämpft als eine, die mit konventionellen Motoren ausgerüstet ist.

Dieser Vergleich illustriert einen Grundsatz unserer seelischen Gesundheit. Menschen, die über lange Zeit hin arbeitsfähig und kreativ bleiben, tragen einen Schutzmechanismus in sich, der ihnen hilft, zwischen Form und Inhalt zu unterscheiden. Ihre seelische Struktur bleibt erhalten, wenn ihnen die Kraft ausgeht, mit den Problemen fertig zu werden, die auf sie einstürmen. Wenn sie nicht mehr können, gestehen sie sich diese Situation ein und versuchen, sich zu regenerieren. Sie sind in solchen Situationen auch fähig, sich Hilfe zu holen, ähnlich wie der Fahrer des »normalen« Autos, das liegen geblieben ist, sich mit einem leeren Kanister aufmachen kann, um eine Tankstelle zu suchen.

Die kannibalische Dynamik setzt ein, wenn das Selbst so in Bedrängnis gerät, dass es sich durch eine Delegation der eigenen (drohenden) Entwertung zu retten sucht. Ein Vergleich wäre die Reaktion der Eidechse, die ihren zuckenden Schwanz abstößt, damit der Räuber, der sie schon fast zwischen den Zähnen hat, abgelenkt wird. Weil er sich in dem Schwanz verbeißt, kann die Eidechse überleben.

Wenn ein Manager in die Supervision kommt und in den höchsten Tönen über seinen Chef schimpft, dieses inkompetente, misstrauische, alle seine Anstrengungen entwertende Arschloch, dann vollzieht er einen ähnlichen Abstoßungsprozess. Er weiß, dass er keine bessere Stelle finden wird; er hat diese Möglichkeit längst ausgetestet. Er weiß, dass er zu diesem Chef zurückkehren und weiter mit ihm zusammenarbeiten wird. Dennoch dämonisiert und entwertet er ihn. In dieser Entwertung steckt ein verzweifelter Rettungsversuch.

Wer mit Menschen umgeht, die solche kannibalischen Mechanismen als Überlebensstrategie einsetzen, müsste die Sehkraft eines Chamäleons haben, um (latente) Grandiosität und (manifeste) Entwertung gleichzeitig zu verfolgen. Den oben zitierten Manager lässt sein doch gänzlich wertloser Chef keine Nacht mehr schlafen: Pausenlos durchzuckt Rechtfertigungsrhetorik das Gehirn, er arbeitet viel mehr, als er müsste, um dem Chef zu beweisen, dass dieser im Unrecht ist, und sich gegen jede erdenkliche Kritik zu wappnen. Der Kannibalismus hat dazu geführt, dass auch der Chef verdächtigt wird, ein Kannibale zu sein.

In Spätstadien einer gescheiterten Beziehung lässt sich meist nicht mehr klären, wer angefangen hat. Manche Berater behaupten einfach, dass jede Beziehung wie eine GmbH behandelt werden sollte, in der jeder der Partner die Hälfte der Anteile hält, nicht mehr, aber auch nicht weniger. Diese Auffassung ist ein nützliches Argument gegen sinnlose Zuschreibungen aller Verantwortung für das Scheitern an den jeweiligen Gegner. Aber sie ist ein Einwand, keine Theorie. Es braucht, wie das Sprichwort sagt, nur einen Feind für einen Krieg.

Die Beziehungs-GmbH mit hälftigen Anteilen entspricht der Beziehung zwischen sozial Gleichgestellten, die beide gleiche Möglichkeiten haben, idealisierte Erwartungen aneinander zu richten und sich in ihrer Enttäuschung einander realistisch zu nähern. Wenn dieser Prozess einer konstruktiven Enttäuschung idealisierter Erwartungen gelingt, werden Beziehungen unkomplizierter, je länger sie dauern: Die Differenzen zwischen Erwartung und Erfüllung mindern sich, beide wissen genau, was sie voneinander halten, was sie verbindet, was sie trennt.

Aber diese soziale Gleichstellung ist eine Fiktion, die gegenwärtig schwerer zu durchschauen ist als in den traditionellen Kasten- und Standesordnungen. Eltern und Kinder, Frauen und Männer, Behinderte und Nichtbehinderte, Arme und Reiche sind nicht gleich. Wenn sie durch die hohe Mobilität einer individualisierten Gesellschaft angehalten werden, sich als Gleiche zu imaginieren, dann wachsen die Gefahren von Erwartungen, die so groß sind, dass eine konstruktive Enttäuschung nicht mehr gelingt. Dann erheben sich die Fragen, wer angefangen hat, etwas Verkehrtes zu erwarten, wer schuld ist, dass die Enttäuschung so unerträglich ist. Die Beziehungen werden also nicht stabiler, sondern unberechenbarer, je länger sie dauern. »Das hätte ich ihm/ihr aber nie zugetraut«, ist häufig zu hören.

Es wirkt paradox, wenn völlig entwerteten und dämonisierten Beziehungspartnern vorgeworfen wird, dass sie sich völlig überraschend als genau das entpuppt haben, was sie seit so vielen Jahren sind. Nach dem Bekunden der erwachsenen Tochter haben ihre Eltern sie nie verstanden, ihr nie ein wirkliches Geschenk gemacht, sie immer bei einem Besuch zu Weihnachten mit einem Christstollen und einem Hundertmarkschein abgespeist. Die Tochter kämpft mit den Tränen und sagt: »Beide wissen doch, dass ich keinen fetten Kuchen mag, und Geld verdiene ich selber genug! Verständnis und Anerkennung, das wäre es, was ich eigentlich gewollt hätte. Aber das bekomme ich nie!«

Die Gegenfrage, wie es denn mit ihrem Verständnis und ihrer Anerkennung für die Eltern bestellt sei, liegt nahe und wird doch vermutlich der Situation nicht ganz gerecht. Auf den Satz: »Wer hat angefangen?«, gibt es bei Eltern immer eine einfache Antwort. Wenn allerdings dieser Satz zwischen Gleichaltrigen fällt und der in ihr verborgene Schuldvorwurf ruhelos zirkuliert (»Du natürlich!« – »Nein, du!«), kann das dafür sprechen, dass hier zwei von ihren Eltern enttäuschte Kinder diese Enttäuschung nicht akzeptieren und verarbeiten konnten, sondern an ihre späteren Bezugspersonen Entschädigungserwartungen richten.

Die Frage: »Wer hat angefangen?«, führt zu den kindlichen Bedürfnissen Erwachsener. Am Anfang war die Erwartung, jemand könnte ungeschehen machen, was an nicht abgetrauerten und realistisch gewordenen Enttäuschungen kränkt und wurmt. Das bereits durch den Kannibalismus mit den Eltern geschwächte Selbst kann die Enttäuschung durch Partnerin oder Partner nicht verarbeiten. Der neue, größere Konflikt löst dann oft den alten: »Mein Vater hat mich ebenso wenig verstanden wie du – alle Männer sind Paschas. Aber ein Geizkragen ist er nie gewesen!« Im Untergang der Illusion vom besseren Vater kann der bisher entwertete reale Vater von einem Teil dieser Entwertung befreit werden. Das Grundproblem der Anklägerin, ihre Hoffnung, durch Männerbeziehungen eine Störung in ihrem weiblichen Selbstgefühl auszugleichen, kann dadurch ein wenig erträglicher werden, dass sie dem einst gänzlich entwerteten Vater ein Stück Anerkennung zurückgibt.

Der Helfer als Kannibale

Treffend illustriert der Film »Das Schweigen der Lämmer« diese Dynamik der Entwertung des (einst) Idealisierten. Das Kannibalismus-Thema ist mehrfach vertreten. Eine zentrale Figur ist der genial-perverse Psychiater, der menschliche Leber gebraten mit einem guten Chianti zu verspeisen pflegt und einem Polizisten in zärtlicher Umarmung die Nase abbeißt.

Dass ein Psychiater sich so verhält, drückt mehr aus als der schlechte Scherz vom verrückten Nervenarzt. In der modernen Gesellschaft ist der Psychiater ein Seelenrichter mit hoheitlichen Funktionen. Er hat die letzte Entscheidung, ob ein Verhalten normal ist. Daher fasziniert er jeden Menschen, der in einer Gefühlsbeziehung die kannibalische Verführung spürt. Sie hängt ja damit zusammen, in der Entwertung des anderen den eigenen Wert zu steigern. Daher gehört das Begriffspaar »verrückt« und »normal« in jeden Beziehungskampf. (»Normale Frauen kochen ihrem Mann ein warmes Abendessen!« – »Ein normaler Mann wäre mit mir auf Hochzeitsreise gefahren!« – »Alle anderen Frauen begleiten ihre Männer zum Bergsteigen!«)

Der Psychiater symbolisiert die letzte Zuflucht vor dem Irrationalen; wenn er nun selbst verrückt ist und perverse Dinge tut, dann reproduziert er die Spaltung, mit der sich das kleine Kind vor der Einsicht schützt, dass die Mutter nicht nur gewährt, sondern auch versagt, nicht nur gut, sondern auch böse sein kann.

Um die gute Mutter (den guten Arzt) zu erhalten, wird eine Hexe (ein Kannibale) geschaffen, die (der) nun die Projektionen der Enttäuschungswut trägt. Es würde auf ein Seitengleis führen, diesen Film und seine Vorgeschichte näher zu untersuchen. Aber viel spricht dafür, dass der kannibalische Psychiater einer Projektion entspringt: Der in seiner Suche nach einer idealen Elterngestalt enttäuschte Autor verlegt seine eigenen kannibalischen Wünsche in den Seelenarzt. (»Wenn er mir nicht genug gibt, muss ich ihn fressen! Oh weh, er ist stärker als ich, er wird mich fressen ... Ich wusste ja schon immer, dass Psychiater perverse Kannibalen sind.«)

Widerstand und Entwertungsdynamik

Eine Diplom-Psychologin, Corinna B., die als Unternehmensberaterin arbeitet, berichtet über einen Auftrag, dessen Ausgang sie sehr belastet. Es ging bei dem Auftrag um eine Organisationsentwicklung: Die Zusammenarbeit in einem wissenschaftlichen Institut sollte verbessert werden. Die Forscher arbeiteten einem Verband aus Vertretern von Gewerkschaften und Arbeitgebern zu. Wegen seiner Ineffektivität und inneren Spannungen war dieses Institut schon mehrmals von Politikern in den Medien kritisiert worden.

Während der Vorgespräche stellte sich heraus, dass der geistige Gründer des Instituts, der mit großem politischen Geschick und Sachverstand die Träger überzeugt hatte, es aufzubauen, dort »nur« in der Position eines stellvertretenden Direktors arbeitete. Er hatte selbst nicht Leiter werden können, weil der politische Proporz es erforderte, dass ein Vertrauensmann einer anderen Richtung als der seinen diese Aufgabe übernahm.

Der vom jetzigen Stellvertreter und einstigen Gründer eingesetzte Chef weigerte sich jedoch nach seiner Amtsübernahme, die ihm zugedachte Rolle des Strohmanns zu spielen. Gleichzeitig war er zu schlecht informiert und politisch zu naiv, um mit seinem Stellvertreter fertig zu werden. Jeder der Streithähne wurde von einer politischen Fraktion im Trägerverband gestützt; dort wurde inzwischen aber auch diskutiert, beide zu entlassen.

Die Organisationsentwicklerin war über einen Assistenten an diesem Institut angeworben worden, der eine Ausbildung zum Berater absolvierte und sie dabei als Dozentin erlebt hatte. Die Arbeit begann scheinbar konstruktiv, die Ursachen des Konflikts wurden herausgearbeitet; die organisatorischen Lösungen umfassten Vereinbarungen über regelmäßige Besprechungen, Arbeitsplatzbeschreibungen, genaue Abgrenzung der Zuständigkeiten und Definitionen der Entscheidungsprozesse. Während der Arbeit lernte Frau B. die scharfe Intelligenz und das taktische Geschick des Stellvertreters ebenso schätzen wie die Geradlinigkeit und das ehrliche Bemühen des Direktors; dieser, der ihr schutzbedürftiger erschien (er reagierte in Stresssituationen mit Magengeschwüren), stand ihr näher, aber sie bemühte sich, neutral zu bleiben, und hatte auch den Eindruck, es sei ihr gelungen.

Immer wieder empfand sie es als sehr mühsam, dass ihre Regelsetzung, nur während der gemeinsamen Sitzungen Informationen auszutauschen, durch Anrufe und Briefe verletzt wurde, die sie als Versuche erlebte, sie zu vereinnahmen. Doch schien es nach etwa zwei Drittel der kontraktierten Zeit zu gelingen, eine Vereinbarung zu finden, die von allen Beteiligten akzeptiert wurde. Aber es war ein trügerischer Friede. Beim vorletzten Beratungstag stellte sich heraus, dass keiner der Streithähne sich an die Vereinbarung gehalten hatte und eine Mitarbeiterin gar nicht mehr kommen wollte, weil sie verärgert über die Unfreundlichkeit und Kleinlichkeit der Beraterin war. Diese hatte dem Ansinnen nicht zugestimmt, eine Rechnung falsch zu datieren.

Jetzt gelang es der Organisationsentwicklerin nicht mehr, ihre Neutralität zu behaupten. Sie erklärte es apodiktisch für die beste Lösung, die Beratung auszusetzen. Das Führungsgremium des Instituts müsse erst einmal klären, ob alle bereit seien, sich an Vereinbarungen zu halten; ohne diese Grundlage sei ein weiterer Beratungsprozess im Augenblick nicht angezeigt.

Nachdem sie diesen Entschluss der Institutsleitung mitgeteilt hatte, hörte Frau B. nur noch inoffiziell von ihren Klienten. Die erste Nachricht war ein Anruf des Direktors. Er klagte, dass sein Stellvertreter gegenwärtig versuche, einen neuen Organisationsentwickler bei den aufsichtsführenden Politikern durchzusetzen. Er wisse zufällig, dass sein Rivale sich mit diesem Mann duze.

Frau B. war überrumpelt und sagte, es sei ihrer Ansicht nach wichtig, als Organisationsentwickler eine neutrale Position aufrechtzuerhalten. Nachher fühlte sie sich unbehaglich, weil sie ihre eigene Regel verletzt und es versäumt hatte, den Direktor mit seinem Verstoß gegen die Vereinbarung zu konfrontieren. Die zweite Information betraf eine Nachricht von dem Assistenten, der am Institut der Beraterin ausgebildet wurde. Sie kam in einem privaten Brief, in dem es vor allem um seine Weiterbildung ging. Nebenbei bemerkte er, beide Direktoren seien nach wie vor unversöhnliche Streithähne, sich jedoch in dem einen Punkt einig, dass die Organisationsentwicklerin versagt habe.

Frau B. fühlte sich tief gekränkt und deprimiert, nicht wahrgenommen und in ihrer Bemühung nicht wertgeschätzt. »Sehen die denn nicht, wie viel ich für sie getan habe und wie sehr ich mich bemüht habe, fair zu bleiben?«

Es war ihr nicht bewusst, wie sie durch dieses Selbstbild als faire, loyale und einsatzfreudige Beraterin indirekt ihre Klienten entwertete, die sie als unfaire, illoyale und mafiosen Methoden anhängende Personen beschrieb, denen sie durch einen strafenden Abbruch der Beratung signalisierte, sie seien ihrer Tätigkeit nicht würdig. Sie hatte sich von dem Klima der Institution anstecken lassen, in dem es offensichtlich um kannibalischen Narzissmus ging – um die Entwertung der Personen, von deren Anerkennung man sich (zu) abhängig fühlt.

Die Beraterin fand ihre Arbeit entwertet, sobald es sich zeigte, dass die Institution wirklich Hilfe brauchte, weil sie in sich destruktiv geworden war und keine Regelungen dieser zerstörerischen Neigungen fand. Es war deutlich geworden, dass die gekränkten Gefühle der Beteiligten so mächtig waren, dass es ihnen nicht gelang, sie vernünftigen Regeln und zweckmäßigen Verabredungen zu unterwerfen. Indem Frau B. angesteckt wird, erklärt sie ebenfalls die Kooperation in dem Augenblick für unmöglich, in dem die Hindernisse ihre Erwartungen übersteigen – nicht die Erwartungen werden demgemäß realistischer konzipiert, sondern der Druck wird gesteigert; das letzte Mittel – die Drohung mit dem Abbruch der Beziehung – scheint auch das erste, das angesichts der Einsicht in die gravierenden Konflikte vertretbar ist.

Folgerichtig ist Frau B.s Organisationsentwicklung dort zu Ende, wo sie die realen Probleme erkennen könnte. Um aus dieser Situation etwas zu machen, müsste sie ihren Anspruch zurückstellen, bereits auf einer vernünftigen Basis zu arbeiten, und sich selbst zugestehen (und dieses Zugeständnis auch an die Organisation weitergeben), dass ein kostbares Zwischenziel erreicht worden ist: Die wahren Probleme liegen endlich auf dem Tisch. Jetzt wissen alle, dass die Arbeit nur weitergeht, wenn ein irrationaler Konflikt erkannt und gezähmt wird, den bisher alle gemeinsam verleugnet haben.

In der institutionsanalytischen Supervision zeigt sich, dass auch psychoanalytisch geschulte Berater, die die Macht des Unbewussten respektieren, immer wieder in die Lage kommen, wertvolle Erkenntnisgewinne zu entwerten und so ihr eigenes wie das Selbstgefühl der Klienten herabzusetzen, weil sie sich vorschnell an Lösungen binden. Auch sie können sich nicht von eigenen Wünschen distanzieren, die Rechnung ohne den Wirt – in diesem Fall: ohne die unbewusste Dynamik – zu machen, die sich gerade im Scheitern der vernünftigen, zweckmäßigen, allen Interessen scheinbar am besten dienenden Lösungen enthüllt.

Der institutionsanalytische Beitrag in einer solchen Situation liegt darin, die Widerstandsaspekte nicht als Entwertung der eigenen Arbeit zu erleben, sondern ihre Dynamik zu respektieren. Das Wissen um das Unbewusste wird auch von Analytikern oft als privilegierte Position missverstanden, als ein »Bescheidwissen« oder ein »Wissensvorsprung«, der anderen Personen abgeht. In diesem Kontext fallen dann Bemerkungen wie die, ein Zweifler solle sich erst einmal selbst analysieren lassen; vorher sei ihm kein Urteil erlaubt. Meiner Ansicht nach sind solche Argumente nicht nur unzweckmäßig (weil sie den lediglich zweifelnden Gesprächspartner zu einem Feind psychoanalytischer

Ansätze machen), sondern auch falsch. Die Analyse erschließt nämlich gerade *keine* Gewissheit, sie vermag die Macht des Unbewussten weder zu beweisen noch etwa gar vorherzusagen.

Platte Übersetzungen und diagnostische Rezepte über das Unbewusste sind nicht nur potenziell verletzend, sondern auch selten zutreffend. Sicher sind viele muttergebundene Männer homosexuell, aber es gibt genügend heterosexuelle Männer mit vergleichbarer Mutterbindung und andererseits Homosexuelle, die in einer anderen Konstellation aufgewachsen sind. Der zentrale Vorzug der psychoanalytischen Methode ist nicht das schnelle Urteil, sondern die Akzeptanz des Unbewussten, das heißt des nicht Vorhersagbaren, nicht Kontrollierbaren, nicht Beherrschbaren. Es ist die Selbstverständlichkeit, sich von dem überraschen zu lassen, was die eigene Absicht durchkreuzt und – indem mit dieser Überraschung gerechnet wird – dennoch eine forschende, aufklärende, gesprächsbereite Position aufrechtzuerhalten.

Wir wissen heute, dass in den psychoanalytischen Prozessen nicht die Theorie, sondern die Methode von zentraler Bedeutung ist und dass etwas, das wir »psychoanalytische Haltung« nennen, in der praktischen Arbeit den Ausschlag gibt. Diese Haltung orientiert sich in Bezug auf die Erkenntnis des Unbewussten an dem legendären Motto des Wilhelm von Oranien: »Ich brauche nicht die Hoffnung, um zu beginnen, noch den Erfolg, um fortzufahren.«

Der Analytiker braucht nicht die Hoffnung, das Unbewusste zu erkennen, um zu beginnen, es zu erforschen – und er braucht auch nicht den Erfolg seiner Forschung, um in ihr fortzufahren. Er rechnet mit unvollständigen und immer wieder von Verdrängung und Verleugnung aufgehobenen Einsichten; er ist nicht enttäuscht und nicht gekränkt, wenn das, was angeblich klar geworden ist, sich eine Woche später so getrübt hat, als ob die Klarheit nie bestanden hätte. Er wundert sich auch nicht, wenn analytische Institutionen oder einzelne Kollegen alles preisgeben, was sie irgendwann einmal eingesehen oder erkannt haben.

Das analytische Arbeitsbündnis umfasst die Klärung solcher Trübungen. Ein rein lösungsbezogener Kontrakt führt dazu, dass die Zusammenarbeit angesichts getrübter Erwartungen ihre Grundlage verliert. Ein analytisches Arbeitsbündnis kann erreichen, dass sich die Kooperation durch die Verarbeitung solcher Trübungen weiter entwickelt und stabilisiert.

Diese Haltung bringt dem Institutionsanalytiker in der praktischen Arbeit keineswegs nur Vorteile. Sie stellt beträchtliche Anforderungen an seine kommunikativen Kompetenzen und sein Selbstgefühl. Er kann sich nur mit viel Mühe, Geduld und Umstellungsbereitschaft Personen verständlich machen, die juristisch, das heißt objektivierend denken und sozusagen ein klares Bild einklagen, während der Analytiker davon ausgeht, dass zwischenmenschliche Realitäten nicht schwarz oder weiß sind, sondern in unterschiedlichen Graden der Trübung oszillieren.

Wer ausschließlich nach Gesichtspunkten der rationalen Kooperation und Steuerung vorgeht, hat kein Repertoire, um mit Situationen umzugehen, in denen sich irrationale Mechanismen auswirken. Er kann nicht akzeptieren, dass eine Institution auch mit solchen Prozessen überleben kann. Er entwertet daher die Personen, mit denen er arbeitet, und muss in der Folge erleben, dass auch er entwertet wird und seine Mühe nicht fruchtet.

In dem geschilderten Beispiel wurde Frau B. in dem Moment Teil der Organisation, in dem sie begann, Menschen zu entwerten und sich von ihnen zu distanzieren, die nicht in der Lage waren, Enttäuschungen abzutrauern, sondern sie durch Spaltungen, Projektionen und paranoide Mechanismen ungeschehen machen wollten.

Der Direktor und sein Vizedirektor schadeten sich selbst und ihrer Einrichtung, weil keiner von ihnen bereit war, dem Partner mit einem Mindestmaß an Achtung zu begegnen, Selbstidealisierungen aufzugeben und Aggressionen zu verarbeiten. Der Leiter machte seinen Stellvertreter, dieser wiederum den Leiter dafür verantwortlich, dass die soziale Realität, in der das Institut arbeiten musste, von Konflikten geprägt war. Jeder wollte im Recht sein, Recht behalten und verlor darüber den Kontakt zu dem Kollegen und zur Wirklichkeit.

Ein Institut, dessen Aufsichtsgremium paritätisch von Vertretern unterschiedlicher Interessen besetzt ist, muss sich von Anfang an als konflikthaft einschätzen und eine Identität nicht in der Verleugnung, sondern in der Akzeptanz solcher Konflikte aufbauen. Das kann aber nur gelingen, wenn die gemeinsame Basis als derart stabil erlebt wird, dass sie Konflikte trägt.

Indem die Beraterin den Vertrag kündigte, weil sich ihre Partner nicht an die Verabredungen hielten, ließ sie sich von dieser Rechthaberei anstecken und enttäuschte die Hoffnung, dass es auch einen anderen Umgang mit unlösbaren Widersprüchen geben könne als Abmahnungen, Dienstaufsichtsbeschwerden und Kündigungsdrohungen, mit denen sich die Konfliktpartner seit Jahren traktierten.

In der beschriebenen Situation ist der praktische Ort der institutionsanalytischen Beratung die Supervision einer Psychologin, die in einer Organisationsentwicklung arbeitet. Das scheint mir durchaus realistisch, denn der Psychoanalytiker ist in der Regel kein Spezialist für Organisationsentwicklung, aber ein Fachmann für die irrationalen Aspekte von Beziehungen, Interaktionen und vielleicht auch (wenn er institutionsanalytisch gearbeitet hat) für die Codes, die Mythen und Traumata, die sich in Institutionen abbilden können.

In dem konkurrenzintensiven und auf schnelle Lösungsangebote fixierten Markt der Unternehmensberatung ziehen Psychoanalytiker nicht die idealisierenden Übertragungen auf sich, die ihnen in anderen Feldern den ersten Zugang erleichtern, sondern, im Gegenteil, Abwertung, ironische Distanz und die Ängste der Klienten, vom Berater zum Gegenstand psychologischer Entwertung und traumatisierender »Röntgenblicke« gemacht zu werden.

Damit wird die entlastende Illusion gefestigt, dass der »gute«

Berater Verleugnungen stärken wird, während der »böse«, psychoanalytisch geschulte, nicht die Macht der Unvernunft und der Aggression in der Organisation *aufdeckt*, sondern sie durch seine voyeuristischen Fantasien und Voreingenommenheiten erst *erzeugt*. Hält man sich also von dieser Kassandra fern, bewahrt das auch vor dem Unheil, das sie künden könnte.

Die Entwertung versucht, eine bedrohte Autonomie zu retten

Wertvorstellungen sind eine wesentliche innere Stütze des Selbstgefühls. Wenn ich mich mit meinen Werten in Einklang fühle, kann ich für eine Weile (die grandiose Illusion der autonomen Persönlichkeit sagt: für immer und um jeden Preis) äußere Entwertungen kompensieren. Ich bleibe ein Freiheitskämpfer, auch wenn alle um mich herum sagen, ich sei ein Terrorist, mich einsperren und foltern.

Primär haben wir an unser Leben die schlichte Erwartung, dass es nach unseren Wünschen verläuft. Wir glauben, dass wir als Baby zu trinken bekommen, wenn wir durstig sind, dass unsere Eltern, später unsere Liebsten unser Selbstbewusstsein aufbauen. Neben dieser Hoffnung hat uns die Natur mit einer begrenzten Kapazität ausgerüstet, Störungen zu verarbeiten, die auf allen Ebenen des Organismus unvermeidlich sind. Überall gibt es einen Normalzustand, eine Störung, die sich sozusagen mit den vorhandenen Mitteln regulieren lässt, und die Gefahr einer Störung, welche die vorhandenen Regulatoren überfordert, das System sprengt.

Der Mensch verfügt über die Fähigkeit, Fantasiewelten aufzubauen, Erinnerungen zu betrachten (sie »wiederzuspiegeln«, zu reflektieren) und mit der Hilfe solcher Entwürfe sowohl sich selbst wie auch die Wirklichkeit zu verändern. Das bedeutet unter anderem auch, dass er sich selbst traumatisieren kann.

Was einem nicht für Reflexion begabten Organismus nur ausnahmsweise gelingt, wird für den Menschen zu einem schwerwiegenden Problem. Je mehr Bildung, Information, mediale Durchdringung der Umwelt, desto größer auch das Risiko der Selbsttraumatisierung.

Das Individuum braucht den Spiegel des anderen, um die für den Einzelnen kaum lösbare Aufgabe zu bewältigen, eine in der Fantasie entworfene Wertewelt mit der Realität in Übereinstimmung zu bringen. Nehmen wir das typische Abendgespräch eines Paares: Der Mann erzählt von seiner Arbeit, von dem Kollegen, der sich als tückischer Konkurrent entpuppt, die Frau erzählt von ihrer Arbeit, von ihrer Kollegin, bei der Brustkrebs diagnostiziert worden ist. Beide versuchen, indem sie einander zuhören, die Betroffenheit des anderen zu teilen, ohne doch selbst direkt betroffen zu sein. Ziel des Gesprächs ist, die Störung in die Normalität zu integrieren, die Last gemeinsam zu tragen und das Wissen zu teilen, dass es im Leben niemals glatt geht und wir jeden Tag mit Botschaften konfrontiert sind, die uns auf der Fantasieebene oder aber auch bereits in der Realität bedrohen.

Die entlastende Funktion solcher Gespräche beruht darauf, dass die Ebenen der Realität und der Fantasie getrennt bleiben. Dadurch lässt sich eine Gefahr eingrenzen. Die Frau lässt sich von ihrem Partner überzeugen, dass dank ihres glücklichen Sexuallebens oder weil sie ihre Kinder – anders als die Freundin – gestillt hat, keine Krebsgefahr besteht. Der Mann glaubt ihr, dass sein bösartiger Rivale keine Chance hat, die Hochschätzung zu gefährden, die ihm von Seiten des Chefs entgegengebracht wird. Beide Ergebnisse können illusionär sein; menschliche Zuversicht ist häufig wenig mehr als das, was Ibsen Lebenslüge nannte.

Eine Supervisionssituation: Es geht um eine junge Frau, die ihre Therapeutin zur Verzweiflung bringt, weil sie klagend entwertet, was sie selbst herstellt: Sie ist in ihrer Ehe extrem unglücklich, sexuell geschieht kaum mehr etwas, nur die beiden kleinen

Kinder halten sie noch bei einem Ehemann, der sie nicht versteht. Die Therapeutin sieht als zentrales Problem der Patientin deren Aggressionshemmung: Sie könne sich einfach nicht durchsetzen, mache immer wieder bei allem mit, was der Ehemann verlange, schlafe mit ihm ohne Lust dazu und beklage sich nachher über sein Verhalten.

Eine typische Szene: Die Patientin leidet an heftigen Rückenschmerzen. Sie möchte, dass ihr Mann am Abend die Kinder zu Bett bringt; dieser wehrt ab, er habe schließlich den ganzen Tag gearbeitet, das sei ihre Sache. Trotz ihrer Rückenschmerzen bringt sie also die Kinder ins Bett. Die Therapeutin interveniert nun mit dem Vorschlag, dass die Patientin sich doch in solchen Fällen durchsetzen und ihren Mann energischer auffordern solle, seinen Teil an der Versorgung der Kinder zu leisten. Darauf beginnt die Patientin zu weinen und sagt anklagend zur Therapeutin: »Sie sagen genau dasselbe wie mein Mann, es ist alles nur meine Schuld!«

Die Therapeutin spürt eine Wut auf diese »arme Frau«, die sie nicht versteht. Sie fühlt sich sehr hilflos, weil sie diese Männer, die ihre Frauen im Stich lassen, doch nicht ändern könne. Dabei sei dieser Ehemann früher sogar in Therapie gewesen; sie habe gute Lust, dessen Therapeuten anzurufen und ihm die Meinung zu sagen, aber das sei nicht angebracht, das wisse sie. Die Antwort der Patientin komme ihr regelrecht verrückt vor, ob sie eine Geisteskrankheit übersehe? Oder sei die Patientin nur einer dieser jede Hilfe ablehnenden Jammerer?

Die Therapeutin ärgert sich über die Passivität der Patientin und ist zugleich mit ihr identifiziert. So sucht sie die Schuld an der Misere in der Unverantwortlichkeit des Ehemannes. Sie vermutet eine bisher unbeeinflussbare Aggressionshemmung und möchte von der Supervision Tipps, wie sie die Patientin dazu bringen kann, sich besser gegen ihren Ehemann durchzusetzen. Verblüfft registriert sie, dass ihre gut gemeinten Versuche schließlich dazu führen, dass sie als ebenso böse erlebt wird wie der Ehemann.

Die Situation wird verständlich, wenn wir die Dynamik des kannibalischen Narzissmus einbeziehen. Die Patientin braucht das grausame Verhalten ihres Mannes, um sich in ihren eigenen Gefühlen zu trösten, als Frau unzulänglich zu sein. Er ist jedenfalls noch liebloser und unreifer als sie selbst. Daher wird die Therapeutin, die von der Patientin fordert, ihren Mann doch zu einem verantwortungsvolleren Verhalten zu erziehen oder sich von ihm zu trennen, als ebenso verständnislos und grausam erlebt wie dieser. Sie, die sich aufspielt und so tut, als ob sie ein sicheres Selbstgefühl hätte, um das die Patientin erfolglos ringt, soll ruhig die Entwertung einstecken, dass auch sie nicht besser ist als der Ehemann, der sagt: »Ich mache meine Arbeit, und du jammerst herum und versaust mir den verdienten Feierabend!«

Im Stadium des kannibalischen Narzissmus wirken Partner oft so, als ob sie keine Beratung oder Therapie, sondern einen Anwalt oder einen gedungenen Killer brauchen, der den Menschen aus der Welt schafft, an den sie in ihrer Entwertung gebunden sind. Ohne nun Anwälte oder bezahlte Mörder in ihrem Potenzial zur Lösung von Beziehungsproblemen zu unterschätzen, ist es doch häufig so, dass nicht der Vollzug der aggressiven Entwertung, sondern im Gegenteil die Verteidigung des bedrohten Objekts eine Wende bringt.

Gefallene Engel

Viele Mythen und religiöse Überlieferungen greifen ein Motiv auf, das wir erst heute in seiner psychologischen Dimension verstehen: Der gefährlichste Dämon ist immer der gefallene Engel. Der Teufel war nicht von Anfang an böse; er ist so geworden, weil er in seinem Streben scheiterte, größer zu sein, als es ihm bestimmt war. Der Teufel ist ein gefallener Engel; er ist sogar der mächtigste, der strahlendste aller Engel. Er ist Luzifer, der Träger des Lichts.

Der kannibalische Narzissmus führt zu einer Spirale der Entwertungen. Je mehr ihre realen Folgen das Selbstgefühl mindern, desto größer ist das Bedürfnis, die Schärfe dieser Entwertungen zu steigern. Parallel dazu reagieren die Angegriffenen oft in ähnlicher Weise.

Oscar Wilde hat einmal von Menschen gesprochen, die anderen auf die Zehen treten, weil ihnen selbst die Hühneraugen schmerzen. Die literarischen Beschreibungen des kannibalischen Narzissmus nehmen im 19. und 20. Jahrhundert zu. Er scheint sich seitdem mehr und mehr zu einem Massenphänomen entwickelt zu haben. Die intensive Diskussion über Missbrauch und Mobbing, die gegen Ende des 20. Jahrhunderts einsetzte, hängt sicher damit zusammen, dass der narzisstische Druck auf die Menschen steigt und destruktive Lösungen zunehmen.

Krankenpflegerinnen haben in Umfragen berichtet, dass rund 60 Prozent der subjektiven Belastung durch ihren Beruf nicht durch die Arbeit selbst, sondern durch die Beziehungen zu Kolleginnen verursacht werden. Jede Supervisandin aus der Pflege, die ich auf diese Umfrageergebnisse ansprach, hat sie mit Nachdruck bestätigt. Die meisten Erziehungskrisen und Partnerschaftskonflikte hängen ebenfalls mit dem kannibalischen Narzissmus zusammen. Kinder entwerten ihre Eltern und geraten dadurch unter inneren Druck, den sie nur durch noch heftigere Entwertungen kompensieren können. Eltern entwerten ihre Kinder, nicht selten in der verrückten Hoffnung, ein als völlig missraten gescholtener Sprössling würde auf diese Weise den Weg finden, seinen Erzeugern wieder Freude zu machen. Mitarbeiter entwerten ihren Chef; Chefs klagen über ausgebrannte, faule Mitarbeiter, die sie leider aus arbeitsrechtlichen Gründen nicht loswerden können. Die Ordensfrau, welche aus Mangel an Mitschwestern weltliche Erzieherinnen einstellen musste, um den Heimbetrieb aufrechtzuerhalten, jammert darüber, die Kolleginnen dächten alle nur an sich.

Mobbing

Mobbing ist ein vielschichtiges Phänomen, oder besser gesagt: Wenn einer der vielen Konflikte des Berufslebens mit dem Begriff »Mobbing« angegangen wird, kann diese Begriffswahl das Problem ebenso verschleiern wie dazu beitragen, es zu klären. Das liegt daran, dass in diesem Begriff subjektive und objektive Prozesse oft rastalockenähnlich verfilzt sind.

Wer sich gekränkt fühlt, ohne einzusehen, dass er zur Entstehung der Kränkung beigetragen hat, kann mit Hilfe des Mobbing-Begriffs seine Opferposition stärken. Wer angesichts von Problemen mit einem Mitarbeiter diesen des Mobbing »nach oben« verdächtigt, kann eigene Führungsschwächen und Unklarheiten verschleiern. Kämpferische Positionen wie Abmahnung und Kündigung spielen im Mobbing oft nur eine untergeordnete Rolle. Da sie schriftlich erfolgen müssen, bieten sie dem Opfer Möglichkeiten, sich zu wehren, und hindern den Täter, sich selbst als Opfer aufzuspielen. Oft werden sie im Mobbing-Kontext in einer Weise vorgenommen, die juristisch nicht aufrechtzuerhalten ist.

Das Berufsleben ist ein Training im Ertragen von Bedürfnisaufschub und damit auch in der Verarbeitung von Kränkungen. Zu Beginn unserer seelischen Entwicklung können wir Kränkungen überhaupt nicht ohne heftige Reaktionen von Angst, Wut und Zerstörungswünschen verarbeiten. Die menschliche Kinderstube ist ein Training, solche primitiven Reaktionen zu neutralisieren und angemessenere Umgangsformen zu entwickeln.

In Zeiten, in denen Berufstätige angemessene Möglichkeiten haben, sich zu erholen, in denen sie ihre Arbeit als sinnvoll und erfolgreich erleben und den Eindruck haben, von ihrer Umwelt – in Organisationen: von Kollegen und Vorgesetzten – ausreichend bestätigt zu werden, gelingt es den meisten auch, Kränkungen zu verarbeiten, Aggressionen zu neutralisieren, sich gegenseitig das für den Betriebsfrieden unentbehrliche Maß an Bestätigung zu gewähren. Wenn diese Situation kippt und eine Organisation unter erhöhten Druck gerät, werden diese stabilisierenden Prozesse erschwert. Häufig steigern die Folgen den ohnehin bestehenden Druck noch weiter.

Wenn zum Beispiel auf ein Team von einem unter Stress geratenen Leiter Druck ausgeübt wird, bisher selbstverständliche Leistungen gekürzt oder bisher gepflegte höfliche und rücksichtsvolle Umgangsformen aufgegeben werden, dann werden gerade die fähigen und unabhängigen Mitarbeiter kündigen; die Zurückgebliebenen setzen den Leiter (und er sie) noch mehr unter Druck. So kann binnen kurzer Zeit eine langjährige stabile Situation entgleisen.

Diese Situation führt oft dazu, dass Hilfe von außen gesucht wird: Beratung, Coaching, Organisationsentwicklung, Supervision. Ich will an zwei Beispielen die Hintergründe einer derart verwirrenden Verwendung des Mobbing-Konzepts verdeutlichen.

»Mobbing« bemäntelt Schwächen einer Institution und ihrer Leiter

Die Leiterin des Kindergartens einer Pfarrgemeinde bittet eine Sozialpädagogin, die auch als Supervisorin arbeitet, um eine Fortbildung für ihr Team, in der es um offene Gruppenarbeit gehen soll.

Die Auftraggeberin ist nach einer langen Kinderpause an ihren früheren Arbeitsplatz zurückgekommen und leitet den Kindergarten seit zehn Jahren. Sie wirkt in dem Vorgespräch hektisch und etwas distanzlos. So erzählt sie gleich von ihrer gescheiterten Ehe und betont, die Arbeit in diesem Kindergarten sei die letzte Aufgabe, der sie sich in ihrem Leben stellen und die sie deshalb unbedingt gut machen wolle. Die Beraterin verspricht, ein Angebot für eine Fortbildung zu machen.

Noch ehe die Beraterin mit der Leiterin über dieses Angebot sprechen kann, ruft der Pfarrer an. Er hat von dem Fortbildungsplan erfahren und in dem beiliegenden Flyer gelesen, dass die Sozialpädagogin auch Supervision anbietet. Das sei genau das Richtige für die Leiterin, denn offene Gruppen wolle niemand im Kindergarten, die Eltern nicht und auch die Mitarbeiter nicht. Außerdem habe er die Leiterin in Verdacht, dass sie Mobbing betreibe. Immer wieder würden ihm Mitarbeiter das sagen, auch käme es häufig zu Kündigungen.

Die Beraterin versucht sich abzugrenzen: Sie werde diese Anregung mit der Leiterin besprechen. Es sei vielleicht sinnvoll, wenn sich einmal alle Beteiligten träfen, um diese Fragen zu klären. Die Leiterin ist mit einer Teamsupervision einverstanden, als ihr die Beraterin von dem Anruf erzählt, wobei sie die heikelsten Inhalte verschweigt.

Zu dem Treffen hat die Leiterin außer der Beraterin alle Mitarbeiter, den Elternbeirat und den Pfarrer eingeladen. Dieser entpuppt sich als junger, eher kindlich und unsicher wirkender Mann, der vor einem Jahr den alten Priester abgelöst hat. Er behauptet auch nicht mehr, alle seien gegen das neue Konzept, sondern sagt vorsichtig, es habe viele Einwände gegeben.

Die Leiterin ist damit einverstanden, nach der Fortbildung die Umsetzung des neuen Konzepts durch Supervision zu begleiten. Der Pfarrer als formeller Leiter des Kindergartens delegiert seine Aufgabe nun ganz an die Supervisorin. Er ruft wiederholt und vorwurfsvoll an, dass wieder etwas Unerwünschtes geschehen sei: Klagen von Eltern, die Kündigung zweier Mitarbeiter. Nach der vierten Sitzung rückt er mit seiner Enttäuschung heraus, dass die Supervisorin es bisher nicht zustande gebracht habe, die Leiterin zur Kündigung zu bewegen.

Die Beraterin: »Sie ist Ihre Mitarbeiterin. Da müssen Sie schon selbst tätig werden. Für die Kindergartenleiterin sind Sie verantwortlich!« – »Das heißt, ich müsste lernen, mit so einer Frau umzugehen? Dann brauche ich auch Supervision.« Die Beraterin bestätigt den Pfarrer in dieser Absicht und ist erleichtert, dass in Zukunft seine Anrufe ausbleiben.

Im Team hat sich gezeigt, dass die von der Leiterin vorgetragenen Vorstellungen über eine Konzeptentwicklung bemänteln, dass in dem Kindergarten professionelle Arbeit wenig entwickelt ist und vor allem nicht durchgehalten wird: Die Leiterin macht Zusagen und stößt sie nach einigen Tagen wieder um. Auch sie klagt darüber, von ihren Mitarbeitern gemobbt zu werden. Ziel dieser Anklagen ist eine neu eingestellte Erzieherin, die angeblich bei einem Elternabend gegenüber den Eltern in ihrer Gruppe schlecht über die Leiterin gesprochen hat. Für die Supervisorin ist es kaum möglich, sich in den gegenseitigen Anklagen zurechtzufinden. In der nächsten Sitzung haben eine Praktikantin und die betreffende Erzieherin gekündigt.

In ihrer Abschiedssitzung sagt die Erzieherin, sie könne fachlich nicht hinter der von ihr verlangten Arbeit stehen. Zum Beispiel müssten die Kinder hier immer den Teller leer essen. »Das war früher so, das machen wir jetzt nicht mehr«, erwidert die Leiterin, »und außerdem habe ich erst neulich wieder von einer Mutter gehört: Toll, wie ihr mit meinem Sohn gearbeitet habt, früher war er schrecklich mäkelig. Jetzt isst er alles.«

Besonders erschüttert ist die Beraterin, als sie hört, dass die Praktikantinnen und die jungen Erzieherinnen heimlich selbst die Reste aufessen.

Anmerkungen zur Heimlichkeit

In Institutionen mit hohem Wertanspruch spielt Heimlichkeit eine besonders große Rolle. Während in einem Industriebetrieb oder in einem Lebensmittelladen Inhaber, Mitarbeiter und Kunden überzeugt sind, dass es nicht ehrenrührig ist, im Rahmen der Gesetze und guter Kaufmannschaft egoistisch zu sein, möglichst viel Geld mit möglichst wenig Arbeit verdienen zu wollen, sind solche Wünsche zum Beispiel in der Kirche tabuisiert.

Sie verschwinden aber nicht aus dem sozialen Handeln, sie werden verborgen. Wer die entsprechenden Einrichtungen genauer kennt, weiß um diese Art geheimer Buchführung. So ist bekannt, dass sexuelle Verhältnisse katholischer Priester von deren Vorgesetzten so lange toleriert werden, wie die Täter darauf verzichten, sie öffentlich zu machen.

Diesem Klima der Heimlichkeit begegnet die Beraterin in dem Kindergarten der Pfarrgemeinde von Anfang an. Immer wieder wird sie mit Informationen versorgt, die sie eigentlich nicht wissen sollte, die ihren Fortbildungs- oder Supervisionsauftrag verwirren und darauf abzielen, sie für Aufträge außerhalb ihrer professionellen Kompetenz zu missbrauchen.

Die Zuschreibung »Mobbing« scheint in dieser Institution ähnlich tabuisiert wie die Sexualität. Alle wissen davon, aber es darf nicht offen benannt werden, es sollen für dieses Problem, das kein offenes Problem sein darf, auch heimliche Lösungen gefunden werden.

Die Supervisorin wird von dem Pfarrer darüber informiert, dass die Kindergartenleiterin unter Mobbing-Verdacht steht. Später erfährt sie auch von seiner Enttäuschung darüber, dass es nicht gelungen ist, in der Supervision die Kindergartenleiterin dazu zu bewegen, von sich aus zu kündigen. Damit wäre nämlich erreicht gewesen, dass das Thema der fehlenden Kompetenz unauffällig verschwindet. Wenn der Pfarrer hingegen offen vorgeht, steht auch seine eigene Integrationsfähigkeit zur Debatte. Wahrscheinlich gelingt es dem Pfarrer ebenso wenig wie der Leiterin, das anstehende Problem zu begrenzen.

Begrenzte Konflikte, die Handeln anregen und es nicht durch Entwertungsgefühle des Handelnden blockieren, sind ein zentrales Thema in der Entwicklung beruflicher Kompetenz. Wer professionell handelt, fühlt sich nicht als Versager, wenn er scheitert, sondern nur dann, wenn er nicht das professionell Mögliche getan hat. In allen Institutionen, in denen Ideale (wie das, ein »guter Mensch« zu sein) verwirklicht werden sollen, sind professionelle Entwicklungen erschwert. Die Einsicht in die Konsequenzen des eigenen Handelns, die zur Professionalität gehört, wird durch den Zwang blockiert, seine Tätigkeit an emotional fundierten Idealisierungen auszurichten.

Beispielsweise gehört es zum professionellen Umgang mit Drogenabhängigen, ihnen gerade das nicht zu geben, nach dem sie mehr als nach allem anderen verlangen: den Suchtstoff. Dieser Auftrag widerspricht dem Ideal des »guten Samariters«. Ein ähnliches Problem stellt sich zum Beispiel dem Leiter eines sozialpsychiatrischen Dienstes, wenn er einem Mitarbeiter wegen psychischer Probleme kündigen soll. Das Ideal, Benachteiligte zu unterstützen, gerät in Widerspruch zu der Aufgabe, das Team einer Beratungsstelle zu leiten und es funktionstüchtig zu halten.

Die Heimlichkeiten in Einrichtungen mit hohen Idealen dienen also dazu, den Widerspruch zwischen professioneller Aufgabe und sittlichem Anspruch nicht deutlich werden zu lassen. Besonders in Religionssystemen, die Ideale des Märtyrertums und der Selbstaufopferung predigen, ist es schwierig, über die Grenzen der eigenen Belastbarkeit offen zu sprechen. Ein Vorstand kann einen leitenden Mitarbeiter entlassen, weil »die Chemie nicht stimmt«. Ein Bischof kann mit diesem Argument keinen Domkapitular loswerden. Viele der in den Darstellungen über Mobbing beschriebenen Szenen spielen darauf an, dass Mitarbeitern und/oder Vorgesetzten die Chancen genommen sind, Trennungswünsche offen zu diskutieren und rationale Lösungen für Unzuträglichkeiten einer Beziehung zu finden.

Wenn Heimlichkeit »von oben« als Führungsinstrument eingesetzt wird, steigt die Wahrscheinlichkeit, dass sie auf allen Ebenen der betroffenen Einrichtung aufgefunden werden kann.

In der geschilderten Supervision in einem kirchlichen Kindergarten finden sich viele Hinweise: Die Leiterin verheimlicht ihrem Chef, dass sie ein neues Konzept durchsetzen will, der Chef verheimlicht ihr seine Einwände, die Erzieherinnen verheimlichen der Leiterin, was bei einem Elternabend zur Sprache kommt, die Leiterin informiert die Supervisorin nicht, wenn sie verhindert ist, an einer Sitzung teilzunehmen, die Helferinnen verheimlichen der Leiterin, dass sie die Teller der Kinder leer essen. Weil er den Verdacht hat, dass die Leiterin der Supervisorin verheimlicht, dass »schon wieder« eine Mitarbeiterin gekündigt hat, ruft der Pfarrer heimlich bei der Supervisorin an, um sie zu informieren.

Ausharren im Destruktiven

Wer sich in die Dynamik solcher Szenen vertieft, erkennt bald, dass psychologische und organisatorische Einflüsse verwoben sind. Sie schaffen dann historische Bedingungen, die ihrerseits das Arbeitsklima prägen und weder durch neue Organisationsformen noch durch Psychotherapie oder das Auswechseln von Mitarbeitern *allein* behoben werden können.

Betrachten wir die Berufsbiografie eines Menschen, dann können wir feststellen, dass ein Berufsanfänger, um seine Professionalität zu entwickeln, günstige Bedingungen benötigt. Er ist darauf umso mehr angewiesen, je schwächer sein berufliches und sein »allgemeines« Selbstvertrauen entwickelt sind. Denn im Urteil über die Belastbarkeit eines Berufstätigen, über seine Fähigkeit, auch unter Stress berufliche Qualitäten aufrechtzuerhalten und nicht aufzugeben (»regressive Entprofessionalisierung«), entscheiden nicht nur Ausbildung, Platz in der Organisation, welche den Berufsanfänger aufnimmt, Leitung und Anleitung beziehungsweise Supervision. Auch die Fähigkeiten, das nichtberufliche Leben befriedigend zu gestalten, in der Freizeit einen Ausgleich zu finden, entscheiden wesentlich mit, ob eine Kompetenzerweiterung und -vertiefung im Beruf stattfinden kann oder nicht.

Wer genügend Selbstvertrauen und privaten Ausgleich besitzt, hat es erheblich leichter, sich einzugestehen, dass er sich an einem Arbeitsplatz nicht wohl fühlt, dass seine negativen Gefühle berechtigt sind, dass er sie ernst nehmen und versuchen darf, eine neue Stelle zu finden, von der er sich versprechen kann, nicht dasselbe zu erleiden.

Wer hingegen schon von sich weiß oder ahnt, dass er sehr schnell beleidigt ist, wer schon oft erfahren hat, dass seine Kränkung ein schlechter Ratgeber ist, weil er sie übertreibt und oft aus nichtigem Anlass von ihr überfallen wird, der wird lange zögern, diese negativen Gefühle in Handeln umzusetzen. Er fürchtet, es überall, wohin er gehen könnte, noch schlechter zu haben. Hier, wo er sich gekränkt fühlt, kennt er den Umfang und die Art der Kränkungen. Er kann sie einordnen und aushalten. Von einem neuen Arbeitsplatz erwartet er nicht Erlösung, sondern schlimmere Verfolgung.

Um solche Entwicklungen zu verstehen, finde ich eine psychoanalytische Perspektive sehr hilfreich. Denn sie konzipiert im Begriff der »Projektion« die Erwartung, von der Umwelt so behandelt zu werden, wie man sie selbst behandelt. Ein Mitarbeiter, der sich gemobbt fühlt, wird oft trotz tiefster Kränkungen ausharren. Er kann sich nicht trennen, weil er unter heftigen Ängsten leidet, dass ihm die Kollegen an einem neuen Arbeitsplatz mit genau den Gefühlen begegnen werden, die er selbst gegen die Kollegen oder Vorgesetzten empfindet, welche ihn hier so beeinträchtigen.

Wer voller Hass unermüdlich liebevollere und rücksichtsvollere Behandlung von den Personen einklagt, die er nicht leiden kann, fürchtet in einer neuen Beziehung diesen Hass viel mehr, als dass er die Liebe erwartet, die er so unermüdlich dort fordert, wo er längst weiß, dass er sie nicht erhalten wird.

Die praktische Folgerung aus diesen Einsichten überrascht,

aber sie bewährt sich in der Praxis durchaus: Wenn ein Chef einen Mitarbeiter loswerden will, kann es die dümmste und am wenigsten effektive Strategie sein, diesen zu mobben. Im Gegenteil: Wenn er ihn gut behandelt, ihn aufbaut, ihm Perspektiven zeigt, sind die Chancen viel größer, dass der Mitarbeiter geht.

Diese Dynamik ist in Familien bekannt. Wenn ein Kind aus einer Geschwisterreihe lange zu Hause wohnt und besonders eng an die Eltern gebunden scheint, können wir fast sicher sein, dass es *nicht* das Kind ist, welches von den Eltern die meiste Anerkennung erfahren hat.

Narzisstisch stabile und instabile Interaktionen

Hilfreich in der Analyse von »Mobbing«-Problemen ist demnach nicht nur eine Untersuchung persönlicher Faktoren (der narzisstischen Belastbarkeit) und organisatorischer Einflüsse (der Konfliktverleugnungs- und Verheimlichungsbereitschaft mancher Institutionen), sondern auch eine Untersuchung der Vergangenheit eines Systems. Was ist wann geschehen und hat die Belastungen im System erhöht? Was wurde getan, um die Belastungen zurückzuschrauben? Warum sind diese Gegenmaßnahmen gescheitert?

In unserem ersten Beispiel war ein wesentlicher Faktor der Wechsel in der Pfarrstelle. Der Vorgänger des gegenwärtigen Priesters war autoritär und verschlossen. So wurden die Konflikte zwischen der Kindergartenleiterin und den Erzieherinnen eingedämmt. Als der junge Nachfolger kam, bei allen Mitarbeiterinnen um Anerkennung warb und Unterstützung suchte, eskalierten die Konflikte, weil jede Partei davon ausging, den neuen Vorgesetzten auf ihrer Seite zu haben. In seiner Vermischung der Rollen des Seelsorgers und des Arbeitgebers hatte der Pfarrer schließlich Probleme mit beiden Aufgabenbereichen. Die Arbeit funktionierte schlechter, der seelsorgerliche

Einsatz, den er angesichts dieser Krisen entwickelte, kam nicht an und schien den Ärger nur zu vermehren.

Dieser junge Geistliche ist ebenso Opfer wie Täter. An ihm zeigt sich, dass »Mobbing« institutionelle Spannungen ebenso spiegelt wie Traumata in der Vorgeschichte der Institution. Man kann sich vorstellen, dass ein selbstbewusster und nicht so stark von der Anerkennung von Mutterfiguren (wie der Kindergartenleiterin) abhängiger Pfarrer von diesem Konflikt verschont geblieben wäre. Andererseits hätte eine Leiterin, die nicht ständig ihre Rolle verlässt und wie eine beleidigte Mutter reagiert, einen unsicheren Pfarrer allmählich in seine Aufgaben eingeführt und in seiner Führungsrolle aufgebaut.

Dieser zehrende Aspekt narzisstisch gestörter Interaktionen lässt sich mit einem Vierfelder-Modell veranschaulichen. Sehr stabile und sehr instabile Entwicklungsperspektiven hängen damit zusammen, dass *beide* Interaktionspartner narzisstisch voll belastbar (stabil) beziehungsweise wenig belastbar (instabil) sind. Narzisstische Belastbarkeit sieht so aus, dass ich eine Kränkung genau wahrnehme, sie einordne und zweckmäßig reagiere, etwa höflich, aber auch nachdrücklich darauf hinweise, dass sie weder der Zusammenarbeit noch gemeinsamen Zielen dienen kann. Zwei stabile Partner regulieren ihre Kränkungen herunter, sie sind vorsichtig genug, sie nicht eskalieren zu lassen, und vernünftig genug, sie künftig zu vermeiden – das heißt, sie verstehen und verständigen sich immer besser, je länger sie sich kennen.

Wenn beide Partner wenig belastbar sind, eskaliert die Situation in der Regel recht schnell. Eine Kränkung kann nicht eingeordnet werden, sie führt zu einer panischen Gegenkränkung oder sie wird aus Angst, sich der mit ihr verknüpften Wut zu stellen, völlig verleugnet. Die Folge ist entweder eine Eskalation (denn der narzisstisch instabile Partner kann die Reaktionen seines Gegenübers nicht mäßigen, er wird sie vielmehr steigern) oder aber der Rückzug in Krankheit, Arbeitsverweigerung, Dienst nach Vorschrift, innere Kündigung.

Schwer durchschaubar sind die Entwicklungen, die durch die Interaktion eines belastbaren und eines weniger belastbaren Partners entstehen. Hier kann der belastbare Partner die Situation manchmal eine Weile stabilisieren, aber diese Stabilität wird in Krisensituationen plötzlich zusammenbrechen. Oft entstehen auch Mischungen aus Eskalationen und Rückzügen, die erst zu verstehen sind, wenn die Geschichte der Interaktionen rekonstruiert und stabilisierende beziehungsweise entstabilisierende Faktoren von außen aufgedeckt werden.

In dem erwähnten Kindergarten war der autoritäre »alte« Pfarrer ein stabilisierender Einfluss, der unsichere »junge« Pfarrer ein labilisierender. Andere labilisierende Einflüsse sind zum Beispiel der Verlust von Teammitgliedern, deren stabilisierende Funktion bisher niemand wahrgenommen hat, oder äußere Veränderungen, die dazu führen, dass sich eine Institution entwertet, in Frage gestellt, in ihrer Fortexistenz bedroht fühlt.

Mobbing entsteht im Konfliktfeld von haupt- und ehrenamtlicher Leitung

»Mobbing« als Schlagwort ist heute so verbreitet, dass es häufig zum Ausdruck jener Konflikte wird, die aufzudecken es vorgibt. Institutionen mit geringem Professionalisierungsgrad und hohem moralischen Anspruch neigen besonders dazu, mit dem Mobbing-Vorwurf zu mobben. Ein zweites Beispiel, wiederum aus einer Einrichtung mit kirchlicher Trägerschaft.

Der Geschäftsführer einer Bildungseinrichtung wünscht sich Beratung für das Leitungsteam, das aus ihm und seiner Stellvertreterin besteht. Der Geschäftsführer muss den zunächst vereinbarten Termin verlegen, weil seine Mitarbeiterin (»angeblich«, sagt er) zu diesem Zeitpunkt nicht kommen kann. Er bittet um mehrere Alternativen, um nur ja das geplante Vorgespräch nicht platzen zu lassen.

In dem Vorgespräch zeigt sich eine extrem angespannte Situation. Leiter und Stellvertreterin reden aneinander vorbei, jeder scheint vom anderen nur Schlechtes zu erwarten, jeder hat eine lange Geschichte von Kränkungen, ungenügender Information, ungenügender Anerkennung, ungenügender Klärung der Kompetenzen, ungeklärten Machtverhältnissen aufzuweisen. Der Geschäftsführer ist Kaufmann, seine Mitarbeiterin Pädagogin. Er behauptet, Dienst- und Fachaufsicht zu haben; sie behauptet, er sei nur ihr Dienstvorgesetzter, die Fachaufsicht könne er mangels Qualifikation nicht ausüben, und er habe immer noch keine schriftliche Erklärung von Seiten des Vorstands vorgelegt, die bestätige, dass er auch die Fachaufsicht habe.

Die Rivalität zwischen beiden kann sich weitgehend ungestört entfalten, weil der Vorstand der Einrichtung aus ehrenamtlichen Vereinsmitgliedern besteht, die in der Umsetzung ihrer Vorstandsentscheidungen auf den guten Willen des hauptberuflichen Geschäftsführers und seiner Stellvertreterin angewiesen sind. Diesem Vorstand ist der Konflikt äußerst lästig, zumal er bereits von Außenstehenden wahrgenommen wird.

Die Verflechtung institutioneller und persönlicher Dispositionen in dieser Mobbing-Dynamik zeigt sich zunächst darin, dass der Geschäftsführer selbst aus der Reihe der Ehrenamtlichen kommt. Er arbeitet jetzt als Erwachsenenbildner, aber er hat diesen Beruf nicht erlernt, er war, ehe er Geschäftsführer wurde, Kaufmann und hält seiner Stellvertreterin, der gelernten Pädagogin, oft entgegen, mit ihrer Vorgängerin, einer glänzenden Sekretärin, habe es alle die gegenwärtigen Probleme nicht gegeben. Sie fühlt sich dann in ihrer beruflichen Kompetenz und Qualifikation entwertet, er fühlt sich missverstanden, beide sind gekränkt.

Aber die Anstellung einer Pädagogin ohne entsprechende Fachaufsicht und ohne einen Rahmen, der ihre Ausbildung schätzt und ihre Professionalität stabilisiert, hat der Geschäftsführer nicht zu verantworten, sie kam aus dem Vorstand. Das

bisher ohne professionellen Anspruch geführte Erwachsenen-
bildungszentrum sollte für die Zukunft fit gemacht werden. Es
war deutlich geworden, dass junge Menschen bei den Veranstaltungen ausblieben. Um diese Seite der Arbeit zu entwickeln,
genügte der langjährige Geschäftsführer nicht. Der passte zu
den Alten, der erschloss keine neuen Kreise. Aber er war ein ver-
dienstvoller Mann. Man durfte die Innovation nicht von Grund
auf herbeiführen. Man durfte dem Geschäftsführer nichts wegnehmen. Man musste ihm jemand an die Seite stellen.

Die neue Kraft sollte dann ihr Terrain erkämpfen, sollte die
Neuerungen durchsetzen, ohne dass der Vorstand als »Täter«
erkennbar wurde. Der Vorstand handelte christlich, er war dankbar, er meinte es gut, er wollte niemandem Unrecht tun und keines Mitarbeiters Gefühle verletzen.

In einer Mischkultur aus ehrenamtlichen und bezahlten Mitarbeitern setzt sich fast immer die ehrenamtliche Kultur durch.
Das verwundert nicht. Jede Kette ist so stark wie ihr schwächs-
tes Glied, und ehrenamtliche Mitarbeiter sind verletzlicher, sie
brechen schneller weg, wenn sie nicht genügend Anerkennung,
Rücksichtnahme und Bestätigung erleben.

In der Supervision des Leiters einer Laienhelfer-Organisation
habe ich eine Situation vorgefunden, die diese Entwicklungs-
richtung bestätigt. Dieser Leiter, ein Pfarrer, sah sich immer wieder dem Widerspruch zwischen seinen seelsorgerlichen Pflichten und seiner Führungsaufgabe ausgesetzt. Einerseits sollte er
alles verstehen, segnen und verzeihen. Andererseits war es auch
seine (Leitungs-)Aufgabe, Qualität durchzusetzen und ungeeig-
nete Mitarbeiter abzumahnen. Christus hat dem Schächer am
Kreuz verziehen; ein Pfarrer, der einem Mitarbeiter nicht alles
verzeiht, kann doch kein Nachfolger Christi sein!

Immer wenn die Laien untereinander ihre oft heftigen Konflikte nicht mehr klären konnten, wurde er gerufen: um das Verfahrene zu lösen, den Streit ohne weitere Verletzungen zu schlichten, aus einem Stück Kuchen vier zu machen, von denen jedes so

groß war wie das erste – dafür wurde er schließlich bezahlt, dazu war er geweiht und ausgebildet.

Der Pfarrer stöhnte oft unter der Last dieser Erwartungen, zumal er eher ein Mann der Wissenschaft war und nicht so jovial und trinkfest wie sein Vorgänger. Einmal berichtete er: »Heute habe ich endlich einmal ganz entspannt und befriedigt gearbeitet. Ich habe Urlaub, ich hätte eigentlich gar nicht in die Arbeit gehen müssen, bin aber trotzdem hingegangen, weil es einige dringende Schreibtischarbeiten gab. Niemand hat mich erwartet, ich hatte keine Termine, keiner kam und wollte etwas von mir, ich habe mich frei gefühlt und ganz locker gearbeitet. Ich habe viel geschafft und bin am Abend so zufrieden nach Hause gegangen wie schon lange nicht mehr.«

Er hatte das Kunststück fertig gebracht, in der ehrenamtlich geprägten Organisation, die er professionell leiten sollte, endlich auch einmal ehrenamtlich zu arbeiten, Freizeit zu opfern, an einem Urlaubstag aus reiner Neigung abseits von allen Pflichten tätig zu sein.

Die beschriebene Dominanz der ehrenamtlichen Struktur lässt sich in dem Mobbing-Beispiel aufzeigen:

1. Im Führungskonzept geht es darum, niemanden auszugrenzen und zu verlieren.
2. Wenn Realitäten dem hohen moralischen Anspruch widersprechen, wird der moralische *Schein* als höherwertig eingeschätzt als die Realität.
3. In der Arbeit bleibt die Möglichkeit erhalten, unwidersprochen zu behaupten, man habe Wichtigeres zu tun (daher kann der Geschäftsführer auch keine Termine für sich und seine Stellvertreterin festsetzen).
4. Hierarchien werden zwar konzipiert, aber nicht durchgesetzt, weil es keine Sanktionsmöglichkeiten gibt.
5. Trotz extremer Unzufriedenheitsäußerungen bleiben Konsequenzen aus.

Diese regressive Entprofessionalisierung droht immer dort,

wo ehrenamtliche und professionelle Mitarbeiter kooperieren, die Struktur insgesamt aber vorwiegend ehrenamtlich geprägt ist. In vielen der gemeinnützigen Trägerorganisationen sind Vorstände, welche die Endverantwortung tragen, aus ehrenamtlichen Mitgliedern der Organisation zusammengesetzt.

Diese werden häufig als »Aushängeschilder« nach repräsentativen Qualitäten oder politischen Verbindungen ausgewählt. Nicht selten wird ihnen im Zusammenhang mit der Aufforderung zu kandidieren bereits vermittelt, es reiche völlig, wenn sie ihren Namen zur Verfügung stellen und an einer Sitzung pro Jahr teilnehmen – mehr Einsatz werde ihnen nicht abverlangt.

Solche Verantwortungsträger können nicht wirklich die Verantwortung für die Organisation tragen, die sie offiziell leiten. Sie führen entweder ein Scheinregime oder treten ihre ganze Macht an das Mitglied der professionellen Geschäftsführung ab, dem sie vertrauen. Es gibt keine effektive Kontrolle von Macht und keine funktionierende Instanz, um Konfliktlösungen auf der formal diesem ehrenamtlichen Vorstand unterstellten Ebene zu entwickeln.

Organisationen überfordern die Individuen

Vielfach werden Mobbingphänomene insofern missverstanden, als die Beobachter versuchen, ein Opfer einem (oder mehreren) Täter(n) gegenüberzustellen. Dem Täter werden dann häufig egoistische Motive oder Bösartigkeit unterstellt. Unsere Analyse zeigt, dass die Täter oft ebenfalls Opfer sind. Große gesellschaftliche Prozesse (»Globalisierung« ist das Modewort dafür) bringen nicht selten ganze Institutionen insofern in einen mobbingverwandten Zustand, als sie diese unter Druck setzen, in ihrer Existenz bedrohen und somit auch entwerten.

Solange der Absatz gesichert ist, fließt die Produktion, die Mitarbeiter verstehen sich prächtig, die Vorgesetzten loben ihre Leute und diese ihre Chefs. Wenn der Weltmarkt kippt, der Ab-

satz stockt, die Mittel knapp werden, dann werden aus verehr-
ten Chefs Nieten, die das nicht rechtzeitig vorhergesehen und
das Richtige unternommen haben, aus respektierten Mitarbeitern faule Säcke, die sich der Herausforderung nicht stellen, sondern aus Trägheit und Gier lieber das ganze Unternehmen in
den Untergang jagen, als von ihren Ansprüchen abzurücken.

Überforderte Organisationen überfordern die Individuen.
Überforderte Individuen versuchen die Schuld am Scheitern
jener Erwartungen, mit deren Erfüllung sie ihr professionelles
Selbstgefühl zu festigen hofften, projektiv abzuwehren. Viel
menschliches Unglück entsteht daraus, dass Organisationen
einen gewissen Spielraum haben, in dem sie mit Hilfe kannibali-
scher Mechanismen überleben können. Kannibalisch heißt in
diesem Zusammenhang, dass kurzfristige Lösungen auf langfristigen Problemsteigerungen aufgebaut werden. Eine Organisation, die ihre Mitarbeiter überlastet und dadurch schädigt, kann
vielleicht auf diese Weise ihren Zusammenbruch verschieben; er
wird dann aber für alle Beteiligten destruktiver sein als ein
rechtzeitiges Zugeständnis, dass es nicht mehr weitergeht.

Mobbing ergibt sich oft daraus, dass ein Kollege die Arbeit
eines anderen deshalb entwertet, weil er sich nur so vor der Einsicht schützen kann, dass seine Arbeit nicht viel wert ist, den
Ansprüchen nicht genügt, das hohe Niveau nicht halten kann,
das er von sich und seine Auftraggeber von ihm erwarten.

Die Entwertung einer Person rettet mein Selbstgefühl kurzfristig auf Kosten seiner langfristigen Entwicklung. Wenn ich
meinen Chef zum Versager stemple, fällt *mein* Versagen erst
einmal nicht auf – aber wie soll ich mich, der ich so lange mit
einem solchen Versager zusammengearbeitet habe, zuversichtlich
irgendwo anders bewerben?

Kirchliche Erwachsenenbildung in ländlichen Regionen hat
in den letzten Jahrzehnten an selbstverständlichem Prestige ein-
gebüßt und lebhafte Konkurrenz durch weltliche Rivalen beziehungsweise die Massenmedien erhalten. Wer Menschen anlo-

cken will, muss mehr bieten. Wenn die traditionellen Angebote nicht mehr so wahrgenommen werden wie früher, wird ein ehrenamtlicher Vorstand die Schuld erst einmal bei den Hauptamtlichen suchen, die sich nicht genügend engagieren – wozu werden sie schließlich bezahlt?!

Genau das war in der beschriebenen Einrichtung geschehen. Der Kampf gegen den Vorsitzenden dieses ehrenamtlichen Vorstands, der die hauptamtlichen Mitarbeiter nicht nur kritisierte, sondern auch wütend beschimpfte, er wolle jetzt Zahlen sehen und keine faulen Ausreden hören, hatte anfangs das jetzt so zerstrittene Paar zusammengehalten. Als beide endlich durchgesetzt hatten, dass er abgewählt und ein neuer Vorstand ins Amt gehoben wurde, war es nach kurzer Zeit mit dem Frieden zwischen ihnen vorbei.

Gleichzeitig wollte der neue Vorstand, traumatisiert durch das unerhörte Ereignis, dass da ein Ehrenamtlicher gegen seinen Willen von einem Ehrenplatz entfernt worden war, von neuen Konflikten nichts mehr wissen. Wo sich Streit ankündigte, schmerzten allen demonstrativ die schlimmen Wunden, die in den Schlachten mit diesem bösartigen Vorstandsvorsitzenden geschlagen worden waren. So etwas durfte sich um keinen Preis wiederholen, umso weniger, je deutlicher war, dass man schon mitten in einer zweiten Schlacht steckte.

Machiavelli und das Helfersyndrom[13]

D er ›Principe‹ (›Fürst‹) des Machiavelli gehört zu den grundlegenden Dokumenten der Moderne. Nie vorher und nie nachher ist mit solcher Klarheit und Sprachkunst das Thema der Macht und des Individuums diskutiert worden. Ähnlich kühn wie Kopernikus, Darwin und Freud in ihren Gebieten, unternimmt Machiavelli in dem seinigen den Versuch, Politik, Macht und Führung von bequemen Illusionen zu befreien und ihr Skelett bloßzulegen. Es ist jammerschade, dass dieses Buch im Literaturunterricht der Gymnasien eine größere Rolle spielt als in der Ausbildung von Unternehmensberatern, Supervisoren, Sozialarbeitern und Gruppentherapeuten. Ebenso bedauerlich ist, dass sich Sigmund Freud, als er das Unbewusste des homo socialis analysierte, auf den Massenpsychologen Gustave Le Bon stützte, einen flachen, konservativen Journalisten. Machiavelli hätte ihn unendlich besser mit den zugleich bösartigen und komplexen Gesetzen der Macht und des Machterhalts vertraut gemacht.

Die Tauglichkeit des ›Principe‹, um die Rolle des Helfers in einer Institution zu verstehen, ist mir zuerst in einer Gruppe für Berater und Führungskräfte aufgefallen. Sie hatten dort die Möglichkeit, unter der Leitung eines Psychoanalytikers Beziehungskonflikte aus ihrer Arbeit zu klären. In einer solchen Gruppe berichtete eine Organisationsentwicklerin, wie sie in einem Krankenhaus einen neuen, einer Gesetzesreform entspringenden Stil der Qualitätskontrolle und Dokumentation von Pflege einführen sollte.[14] Sie hatte den Eindruck, bei den jüngeren Krankenschwestern viel Rückhalt und Interesse zu finden, während die älteren ihre Arbeit misstrauisch verfolgten. Der

Chefarzt begegnete ihr im direkten Kontakt freundlich und höflich, vermied aber jede Sachdiskussion und schützte Zeitmangel vor.

Was sie nun sehr verunsichere, berichtete sie, seien ihr zugetragene Äußerungen dieses Chefarztes, eine Emanze, die das Personal durcheinander bringe, könne er in seinem Haus nicht brauchen. Dieser ärztliche Direktor habe sie zwar nicht eingestellt, aber er gelte als unangefochtener Herr der Klinik und habe beste Verbindungen zu lokalen Politikern. Sie wisse nun nicht, ob die Pflegedienstleiterin, die sie eingestellt und bisher scheinbar loyal unterstützt habe, noch wirklich auf ihrer Seite sei. Jetzt sei im nächsten Monat ein Leitungsgespräch angesetzt, in dem sich entscheide, ob ihr Vertrag verlängert werde.

In dieser Situation erinnerte ich mich an eine Stelle im ›Principe‹, in der Machiavelli, um das Vertrauen der Untertanen zu erhalten und trotzdem unliebsame Neuerungen durchzusetzen, folgendes Vorgehen empfiehlt: Man nehme einen energischen Mann, gebe ihm umfassende Vollmachten und ziehe sich eine Weile von der öffentlichen Bühne zurück. Man ist mit etwas beschäftigt, das noch wichtiger ist. Wenn der Mann seine Reformen durchgeführt hat und die Ordnung erneuert ist, bestraft man ihn wegen seiner echten oder vermeintlichen Übergriffe. So gewinnt man die Zuneigung derer zurück, die unter der Reform gelitten haben.

Machiavelli schildert als Beispiel eines solchen Machtverhaltens einen extremen Fall. Cesare Borgia hatte mit Hilfe von Söldnerführern, die er geschickt gegeneinander und gegen die Franzosen ausspielte, die Romagna erobert. Er fand, dass seine neuen Lehnsmänner – sozusagen sein mittleres Management – ihre Untertanen mehr ausplünderten als regierten und ihnen eher Grund zur Uneinigkeit als zum Frieden gaben. So entschloss er sich, einem grausamen und entschlossenen Mann, Signor Remirro de Orco, absolute Vollmacht zu geben. Dieser Remigius de Lorqua war 1498 dem Borgia-Sohn aus Frankreich gefolgt. Er stellte in kurzer Zeit, von dem Borgia zu rücksichtslosem Durchgreifen ermutigt, Ruhe und Ordnung her, woraufhin der Fürst ihn durch eine zivile Verwaltung ersetzte und im Dezember 1502 hinrichten ließ. Denn der Borgia wusste, dass die Härte seines Vasallen ihm Hass eingetragen hatte, und so musste er der Bevölkerung klar machen, dass die Grausamkeiten nicht auf ihn zurückgingen, sondern durch die böswilligen Übergriffe seines Statthalters verschuldet worden waren. »Daher ergriff er die erste beste Gelegenheit und ließ ihn eines Morgens in Cesena auf dem Marktplatz in zwei Stücke teilen und mit einem Stück Holz und einem blutigen Messer daneben zur Schau stellen. Die Brutalität dieses Schauspiels löste bei der Bevölkerung zugleich Genugtuung und Betroffenheit aus.«[15]

Solche Mechanismen scheinen häufig eine wichtige Rolle zu spielen, wenn die »Fürsten« einer Institution einen Helfer von außen hinzuziehen. Dieser begegnet zunächst einem Auftraggeber, der ihm volle Unterstützung und tiefes Vertrauen in seine Kompetenz zusichert. Die Hintergründe seines Auftrags allerdings erkennt er nur allmählich, häufig überhaupt nicht. Diese Aufgabe selbst zu erfüllen würde den Fürsten so viel Ansehen kosten, dass er sie lieber nicht in Angriff nimmt. Sie muss aber getan werden, weil sonst die Zustände unerträglich werden.

Der Fürst löst das scheinbar unlösbare Problem, den Pelz zu waschen, ohne ihn nass zu machen, durch eine Spaltung: Er delegiert die unangenehm nässende Seite an den Berater, beschuldigt dann diesen, zu weit gegangen zu sein, und nimmt ihm den gesäuberten Pelz ab, um ihn zu trocknen. Der Helfer kann erleichtert sein, dass er nicht geköpft oder verbrannt wird, wie das zu Machiavellis Zeiten üblich war. Aber der Ausgang wird ihn verdrießen, umso mehr, je weniger er sich von Anfang an vertraglich abgesichert hat. Je nachdrücklicher das Lob und die Scheinvollmachten des Anfangs seinen Narzissmus geweckt und ihn zur Selbstüberschätzung verführt haben, desto schmerzlicher ist sein Absturz in der Entwertung.

Mein Einfall erwies sich als prophetisch: In dem Gespräch über eine Verlängerung ihres Auftrags teilte die Pflegedirektorin der Beraterin mit, sie müsse angesichts der Widerstände von Seiten des Chefarztes leider von einem erneuten Vertrag absehen. Sie wisse ja, wie wichtig der Chefarzt sei, und leider sei es der Beraterin nicht gelungen, die Vorbehalte der medizinischen Seite gegen ihre Person auszuräumen.

Ein Beispiel aus einer anderen Klinik: Ein Organisationsberater wird von der Pflegedienstleiterin konsultiert, um im Haus das Betriebsklima und die Zusammenarbeit mit den Ärzten zu verbessern. Tatsächlich ist Hilfe angezeigt, denn in dieser staatlichen Klinik, dem Aushängeschild der Landesregierung, steht seit Jahren einer von vier Operationssälen leer, weil es an qualifizierten Pflegenden fehlt. Für die Pflegedienstleiterin steht ein Zusammenhang zum schlechten Arbeitsklima in der Einrichtung fest, und sie will etwas dagegen tun.

Der Berater nimmt den Auftrag bereitwillig an und entwickelt nach einigen Gesprächen mit der Pflegedienstleitung in den nächsten Wochen ein Konzept, das vorsieht, Pflegende und Ärzte auf gemeinsamen Fortbildungsveranstaltungen anzuleiten, den bisher höchst unbefriedigenden Stil der Kommunikation zu verbessern. Die Pflegedienstleitung nimmt das Konzept entgegen und äußert ihre Bewunderung. Jetzt müsse nur noch in einer gemeinsamen Sitzung mit dem zuständigen Mann im Ministerium geklärt werden, ob die Maßnahme anlaufen könne.

Diese Sitzung erweist sich als große Enttäuschung. Der Berater wird von dem Ministerialbeamten davon unterrichtet, dass der ärztliche Direktor der Klinik keine gemeinsamen Veranstaltungen mit dem Pflegepersonal wünsche. Auf seine verblüffte Frage an die Pflegedirektorin, weshalb sie ihm von dieser Situation nicht schon früher berichtet habe, entgegnet diese, sie habe gehofft, der Berater könne ein Konzept zur Verbesserung der Kommunikation zwischen Krankenschwestern und Ärzten entwerfen, von dem die Ärzte und vor allem der Direktor nichts erfahren würden. Sie sei enttäuscht gewesen, dass in seinem Entwurf gemeinsame Veranstaltungen gefordert wurden, und habe bereits gefürchtet, dass sich diese nicht durchführen ließen. Der ärztliche Direktor habe das Ministerium in jedem Konflikt auf seiner Seite, er sei der Hausarzt des Ministers.

Der Berater verließ die Szene enttäuscht und stellte der Pflegedienstleiterin seine vielstündige Arbeit für das Fortbildungskonzept in Rechnung. Sie erklärte ihm daraufhin telefonisch, sie könne den Betrag leider nicht überweisen, denn es sei keine Maßnahme durchgeführt worden. Für einen Vorschlag allein könne in der Klinik ein Berater ebenso wenig bezahlt werden wie ein Fabrikant von Operationstischen.

Die Balint-Tätigkeit mit Teamberatern und Supervisoren hat mir ebenso wie die eigene Arbeit in verschiedenen Institutionen immer wieder gezeigt, wie häufig die Delegation des (un)heimlichen Problems der Institution an den »Fremden« ist, der sozusagen zu Besuch kommt. Es liegt natürlich nahe, dass er in einer in ihren Traditionen christlich geprägten Gesellschaft als Erlöser begrüßt und später als Aufrührer oder Gotteslästerer gekreuzigt wird.

Ein Berater, den ich kennen lernte, pflegt beim Kontraktgespräch (in dem der Vertrag mit der Einrichtung geschlossen wird) grundsätzlich zu fragen, was er denn tun müsse, um hinausgeworfen zu werden. Während ich anfangs das Ansinnen an Berater, Struktur- und Führungsschwächen in den von ihnen besuchten Einrichtungen zu kompensieren, für Ausnahmen hielt, bin ich inzwischen überzeugt, dass solche Wünsche eigentlich immer eine Rolle im Hintergrund der offiziellen Anliegen spielen und die bei weitem häufigste Ursache für Schwierigkeiten oder das Scheitern von Organisationsentwicklungen oder Supervisionen sind.

Der Jahreskönig

Kam in das Land ein Fremder, so ernannten ihn die Bewohner zu ihrem König. Der plötzlich Gekrönte vergaß alle Bedenken und war sicher, dass seine Herrschaft ewig währen würde, war aber sein Jahr um, dann wurde er jählings von den Bewohnern überfallen, ausgezogen, gepeitscht und wie ein Hund aus der Stadt gejagt.

Nun geschah es einmal, dass ein Fremdling klüger war als die anderen und sich nicht von dem Glanz blenden ließ, der ihn umgab, und sich Sorgen machte, ob es so glatt weitergehen würde, denn er fühlte, dass er keinem seiner Untertanen ganz trauen konnte und etwas hinter ihren Ehrbezeugungen und Verbeugungen lauerte, dessen Kern er nicht ahnte. Schließlich erkannte er unter seinen Höflingen einen Mann, der ihm vertrauenswürdiger erschien als die Übrigen, und er zeichnete ihn aus, so gut er nur konnte, beschenkte ihn reich und gewann so nach und nach dessen Herz, bis dieser ihm den Brauch des Jahreskönigtums verriet. Jetzt überredete der König seinen neu gewonnenen Freund, heimlich mit ihm einen Teil der Schätze fortzuschaffen und an einem sicheren Ort zu verwahren, so dass mehr als genug Reichtum auf beide wartete, als das Jahr abgelaufen und er aus der Stadt gejagt worden war.[16]

Die Macht der Regression und die Regression der Mächtigen

Im Bereich der helfenden Berufe, die als geistiges und emotionales Grundmuster in Gesundheitswesen, Erziehung und Sozialarbeit eine zentrale Rolle spielen, gibt es eine in anderen Berufsfeldern weniger oft anzutreffende, schwer durchschaubare Form der Machtausübung. Sie wendet sich an die spezifischen Deformationen des Selbstgefühls von Helfern und beruht darauf, dass der Mächtige auf geschickte und manipulative Weise schwach ist, krank, hilflos, wenig belastbar und dass er dadurch die von ihm Geführten auf eine spezifische Weise unterdrückt.

Eine erste, eher harmlose Variante dieses Mechanismus ist die Abwesenheit des Mächtigen. Er überlässt Stellvertretern das Feld, ohne ihre Kompetenzen zu definieren. So kann er sich nach seiner Rückkehr in alle seither getroffenen Entscheidungen einmischen, sie widerrufen und dadurch verhindern, dass seine Vertreter zu viel Macht gewinnen.

Dauernde Überlastung ist eine andere Form, indirekt Macht auszuüben. Sie funktioniert am besten in sozialen Bereichen mit hoher Schuldgefühlsbereitschaft. Ein Beispiel: Auf einer Tagung der Leiter von Einrichtungen des Caritas-Verbandes erscheint der zuständige Weihbischof mit großer Verspätung. Er erklärt, mit der Betreuung von mehr als sechzig unterschiedlichen Einrichtungen an der Grenze seiner Leistungsfähigkeit zu stehen, durch die knapper werdenden Mittel aus der Kirchensteuer aber keinerlei Aussicht auf Entlastung zu haben. Damit nimmt er den versammelten Leitern den Wind aus den Segeln, die bereits über die schlechte Ausstattung ihrer Positionen geklagt haben: Von ihnen werde erwartet, die Führungsarbeit gewissermaßen nebenbei zu erledigen.

Eine Leiterin, die einen Konflikt mit ihrem Stellvertreter einbringt und vom Bischof ein klärendes Wort erhofft, wird sichtlich genervt mit einer Wiederholung des Überlastungsarguments abgewehrt: Sie solle sich vorstellen, wie es ihm erginge, wenn die Leitungen aller sechzig Einrichtungen solche Probleme nicht intern lösen könnten; dann bliebe doch für seine eigentliche seelsorgerliche Arbeit überhaupt keine Zeit mehr.

Die Schwäche der Mächtigen kann auch von Dritten manipulativ eingesetzt werden: Während einer Auseinandersetzung mit Studenten über organisatorische Reformen des Studiums bricht der Dekan einer evangelischen Fachhochschule die Diskussion ab, weil er sich nicht wohl fühlt. Später stellt sich heraus, dass seine Symptome mit einem Herzinfarkt zusammenhängen, an dem er schließlich stirbt. Als die Studenten seinen Nachfolger und früheren Stellvertreter fragen, wann die abgebrochene Debatte über die Reformvorhaben weitergeführt werde, gibt sich dieser fassungslos: Wollen sie wirklich mit Argumenten, die seinen Vorgänger in den Tod getrieben haben, jetzt auch ihn traktieren?

Solche Formen der Machtausübung funktionieren in sozialen Berufsfeldern besonders gut, in denen die »Untertanen« relativ gut ausgebildet und vor allem daran orientiert sind, Schwächen nicht auszunützen (wie es etwa im kaufmännischen oder politischen Feld geschieht), sondern sie durch besondere Rücksichtnahme zu kompensieren. Auf diesem Weg gelingt es im Helferbereich oft, dass ein Mächtiger aus seiner Schwäche eine Stärke macht und umgekehrt die Stärke seiner Gegner dadurch lähmt, dass er sie zwingt, auf seine Schwäche Rücksicht zu nehmen.

Beispiel: Die Leiterin einer großen Beratungsstelle hat einen tüchtigen Stellvertreter und ein Alkoholproblem, über das in der Einrichtung getuschelt wird. Immer wieder fühlt sich der Stellvertreter entwertet und irregeführt, weil ihm Informationen aus dem Trägerverband vorenthalten werden oder die Leiterin Zusagen macht, die von den Kollegen gar nicht erfüllt werden können. Wenn er die Leiterin zur Rede stellt, entwaffnet sie ihn mit verschiedenen Mitteln, die ihn alle ebenso ratlos wie latent wütend machen, ohne dass er einen Weg findet, sich dagegen abzugrenzen.

Manchmal gibt sie ihm in allem Recht und ändert nichts; dann wieder sagt sie schelmisch, er schimpfe sie heute ja richtig aus und sie werde sich gewiss bessern. Wenn er sie zu sehr in die Enge treibt, beginnt sie zu weinen, erzählt von ihrem Eheproblem und bringt ihn dazu, ihr lange teilnahmsvoll zuzuhören und den einen oder anderen guten, dankbar angenommenen Rat zu geben. Der ursprüngliche Konflikt bleibt unbesprochen. Der Stellvertreter zieht sich daraufhin perplex zurück und hofft, dass sich jetzt am Führungsstil und an der Bereitschaft zur Kooperation Entscheidendes ändern wird.

Bei nächster Gelegenheit stellt er dann fest, dass ihn die Leiterin auf der Konferenz vor den Mitarbeitern nach wie vor bloßstellt und seine Zwanghaftigkeit entwertet. Er ist sprachlos, weil er sich daran gebunden fühlt, die anvertrauten Schwächen der Chefin wie ein Geheimnis zu hüten, während sie etwa vorwurfsvoll sagt: »Herr X, nach unserem vertraulichen Gespräch vor zwei Wochen habe ich wirklich geglaubt, dass sich Ihre Zusammenarbeit mit dem Team entscheidend verbessern wird.«

Der Angesprochene sieht sich außerstande, auf diese Entwertung zu reagieren, weil er dann sein eigenes Ethos der Rücksicht auf ihm anvertraute Schwächen verletzen müsste. Dadurch wird er manipulierbar; er findet kein Mittel gegen die Taktik der Chefin. Wenn er versucht, Argumente gegen ihre Nachlässigkeit und ihre Neigung zu unhaltbaren Versprechungen und chaotischen Gefälligkeiten zu finden, setzt sie ihn mit ihrer Regression auf das gekränkte Mädchen oder die hilflose Frau außer Gefecht. Will er aber einen durch ihren vermeintlichen Rückzug geschaffenen Freiraum für sich nützen, blamiert sie ihn vor der Kollegengruppe, in der sie immer auf den Beifall jener Mitglieder rechnen kann, denen sie durch ihre Nachgiebigkeit unentbehrlich geworden ist.

Der Stellvertreter, an dem die meiste Organisationsarbeit und die Verantwortung hängen, den Betrieb aufrechtzuerhalten, ist gerade denen ein Dorn im Auge, die aus der launischen Machtausübung ihrer Chefin durch Schmeichelei und Bequemlichkeit Kapital schlagen.

Die manipulative Wirkung der Schwäche Mächtiger ruht auf drei Säulen: den altruistischen Idealen der Mitarbeiter, ihrer freiwilligen oder erzwungenen Verpflichtung, Fehler eines Vorgesetzten zu decken, und dem Nutzen, den faule Tauschgeschäfte versprechen. In den sozialen Berufen ist diese Trias besonders schwer zu erkennen, weil hier die altruistischen Ideale schon immer verwendet wurden, um regressive oder egoistische Bedürfnisse zu tarnen. Ein Helfer, der einen lästigen Schützling abspeisen will, um seine verdiente Pause zu genießen, wird selten sagen: »Es tut mir Leid, aber ich brauche jetzt einen Moment Ruhe.« Eher legitimiert er sich durch einen noch dringenderen dienstlichen Auftrag, einen noch stärker gefährdeten Kranken, so wie es auch dem Therapeuten leichter fällt, eine Sitzung zu beenden, wenn der nächste Klient an der Türe läutet.

Die chaotische Praxisorganisation und die langen Wartezeiten, denen wir oft gerade bei den Ärzten begegnen, die als professionell engagiert und tüchtig erlebt werden, weisen in eine ähnliche Richtung. Es erfordert im Grunde viel weniger Intelligenz und Aufmerksamkeit, eine Sprechstunde ohne größere Wartezeiten zu organisieren, als leidende Menschen nach den Regeln der Heilkunst zu behandeln. Und es steht im Widerspruch zur Helferaufgabe, leidende Menschen durch Wartezeiten zu malträtieren. Aber die Masse der im Wartezimmer Sitzenden weist jeden Patienten darauf hin, dass er seine Zeit begrenzen muss, und gibt dem Arzt eine eindrucksvolle Legitimation, sich selbst als den grenzenlos Guten, die Realität der Wartenden jedoch als unabweisbare Begrenzungen seiner Zeit und Aufmerksamkeit zu definieren. Nicht Rücksichtnahme, sondern steigende Arztdichte und wachsende Konkurrenz um Patienten sind daher auch der entscheidendere Anlass, wenn heute die Wartezeiten verringert werden.

Nach den Gesetzen des Machtkalküls ist der Mächtige, der sich einem Untergebenen in einem Zustand der Schwäche anvertraut, in dessen Hand. Von guten Fürsten der frühen Feudalzeit wurde gesagt, sie hätten getrost ihr Haupt in den Schoß jedes Untertanen betten können. Machiavelli hätte solches Verhalten als Torheit abgetan. Wenn der moderne Mächtige, der keine sakrale Autorität genießt, einem Untergebenen gewissermaßen die Kehle bietet, muss er wissen, dass dieser noch mehr in seiner Hand ist, als er sich ihm ausliefert.

Die Machtausübung durch Schwäche demoliert nicht nur das Ansehen des Vorgesetzten, sondern auch die Motivation seiner Mitarbeiter nachhaltig. Vor allem führt sie zu einer Spirale nach unten: Weil die Regression nur kurzfristige Entlastung bietet, muss sie verstärkt werden. Ähnlich dem Alkoholiker, der mehr trinken muss, wenn er bemerkt, wie seine Selbstachtung und der Respekt von Seiten seiner Umwelt schwinden, muss auch der Vorgesetzte, der durch regressive Ausbrüche und Grenzverletzungen die schlimmsten Folgen des von ihm angerichteten Chaos wegmanipulieren möchte, diese destruktiven Verhaltensweisen steigern, um ihre Folgen zu bekämpfen: eine Strategie, die ähnlich der des Bankrotteurs immer mehr Schulden aufbaut, um der Einsicht zu entgehen, dass die Situation unhaltbar geworden ist. Und wie gerade die schlimmsten Bankrotteure immer viele sonst kritische Menschen überzeugen können, ihren Lügen Glauben zu schenken, so kann auch der geschwächte Mächtige mit beträchtlichem Geschick andere überzeugen, es sei in ihrem und im Interesse des Ganzen, ihn zu decken und zu stützen.

Beim Bankrotteur hängt diese Situation damit zusammen, dass die Schuldner nur sehr ungern der schmerzlichen Tatsache ins Auge sehen, dass sie ihr Darlehen verloren haben, und sich die Hoffnung, dass dem nicht so sei, einiges kosten lassen.

Jeder Kredit, den ich in einem schon brüchigen Glauben an die Bonität des Nehmers gegeben habe, erschwert mir die Einsicht in unhaltbare Erwartungen. Hilfreich ist hier die klare Regelung, die sich in der Arbeit mit Süchtigen ergeben hat: Wer drei Mal eine Zusage nicht eingehalten hat, dem darf man nicht mehr glauben. Nach der ersten falschen Versprechung muss der Süchtige eingestehen, dass er etwas versprochen hat, ohne es zu halten. Sein zweites Versprechen muss er dann unter dem Eindruck der Tatsache machen, dass es jetzt um seine Glaubwürdigkeit geht. Wenn er auch das zweite Versprechen bricht, macht er das dritte unter dem Eindruck der Tatsache, dass er seine verlorene Glaubwürdigkeit wiederherstellen muss, um als Verhandlungspartner ohne zusätzliche Sicherheiten annehmbar zu sein. Der dritte Bruch eines Versprechens drückt aus, dass diese Wiederherstellung nicht realisierbar ist. Von jetzt an reichen Versprechungen nicht mehr, andere Sicherheiten, neue Pfänder sind notwendig.

Wie hart dieses Urteil die Beteiligten anmutet, kennt jeder Berater von Suchtkranken und ihren Angehörigen. Dutzende gebrochener Versprechungen verbreiten in solchen Beziehungen so etwas wie einen giftigen Nebel, in dem jeder, der sich länger darin aufhält, rasch die Orientierung verliert. Versprechungen drücken Wünsche, Ängste und Fantasien aus, die jederzeit von anderen Wünschen, Ängsten und Fantasien durchkreuzt werden können. Wenn seine Frau, die ihn überall entschuldigt und deckt, ihn zu verlassen droht, wird der Alkoholiker alles versprechen, um sie zu halten; wenn er sich ihrer wieder sicher weiß, wird er diese Versprechungen alle brechen. Er hat sich erniedrigt, nun bäumt er sich auf.

Wie kommen Führungskräfte in Situationen, in denen sie ihre Schwäche manipulativ einsetzen? Es gibt Beweggründe, die eher in der Struktur von Organisationen zu suchen sind, und andere, die innerseelisch wirken. Die betreffenden Personen können abhängige Positionen oft sehr gut ausfüllen. Hier sind ihre regressiven Züge und ihre Bedürftigkeit nach Bestätigung oft produktiv, weil sie an der Seite und als Ergänzung eines starrstarken Vorgesetzten eher anziehend wirken. Wer Schwächen zulassen und sie gezielt einsetzen kann, gibt einem anderen Gelegenheit, sich von seiner besten Seite zu zeigen. Er wird als nicht bedrohlich erlebt, er ist kein gefürchteter Rivale, sondern jemand, der einen Beschützer braucht.

In solchen Wechselwirkungen lassen sich Züge der patriarchalen Mann-Frau-Beziehung aufdecken. Nicht die Frau, die alle Potenziale ihrer Intelligenz und Durchsetzungsfähigkeit ausspielt, hat den größten Erfolg bei Männern, sondern eher jene, die geschickt den Eindruck zu erwecken weiß, dass sie auf männliche Hilfe angewiesen ist. Sich schwächer zu geben, als man ist, schmeichelt Partnern und Partnerinnen, die gerne stärker scheinen wollen, als sie sind. Die bewundernde Frau festigt die wacklige Potenz des Mannes, ähnlich wie der bewundernde Mann das Selbstgefühl der Frau steigert. In gelingenden Beziehungen sind diese Bewunderungsformen gegenseitig und stabil; in scheiternden einseitig und/oder labil.

Die Beziehung zwischen einem Vorgesetzten und seinen Mitarbeitern ist psychisch nicht neuartig, sondern verbindet Elemente anderer, früherer Beziehungserfahrungen mit rationalen Erwägungen und Einflüssen der Institution.

Das Sprichwort vom Krug, der so lange zum Brunnen geht, bis er bricht, enthält eine entwicklungspsychologische Weisheit. Ihre Ausprägung in sozialen Einrichtungen ist das so genannte »Peter-Prinzip«[17], wonach jeder Mensch so lange in einer Machthierarchie aufsteigt, bis er an die Stelle seiner maximalen Inkompetenz gelangt ist. Zum Beispiel: Der tüchtige Facharbeiter wird zum Gruppenleiter befördert und ist von nun an unglücklich und unproduktiv, weil er seine Untergebenen nicht führen kann, sondern mit ihnen rivalisiert, ihnen die Arbeit aus der Hand reißt und in seiner Freizeit erledigt, was sie, über sein Verhalten empört, ihm zuschieben.

Der tüchtige Forscher wird Ordinarius; er ist von jetzt an unglücklich und unproduktiv, weil er seine Studenten schlecht behandelt, da sie ihn von der Forschung abhalten. Die Lehrverpflichtungen und die notwendige Gremienarbeit macht er ebenso schlecht, wie er seine Forschung gut gemacht hat.

Dieses ironisch verkehrte Karrieremodell merkt sich wohl jeder, der sich mit beruflichen Entwicklungen beschäftigt. Es stellt die narzisstische Dogmatik auf den Kopf, dass mit dem Amt auch die Kompetenz wächst, befriedigt auf diese Weise gewiss auch das Ressentiment derer, die gerne über »Nieten in Nadelstreifen« räsonieren, trifft aber auch eine Wahrheit, die in der

Praxis den Blick für solche Sackgassen schärft. Wer einen Machtzuwachs erfährt, hat fast immer Probleme damit, gerade auch dann, wenn er sich diesen leidenschaftlich wünschte. Die menschliche Natur ist weniger vernunftbestimmt, als wir es gerne glauben. Vor allem gelingt es uns nur ganz selten, die Vorteile dessen, was wir bereits haben, ebenso genau wahrzunehmen wie die Köstlichkeit dessen, was zu erwerben wir hoffen.

Der Forscher wird übersehen, was er als Ordinarius alles tun muss, und glauben, dass er jetzt endlich frei und mit mehr Mitteln ausgestattet forschen kann, ebenso wie der Facharbeiter meint, seine Befriedigung durch kompetente handwerkliche Arbeit als Meister und Gruppenleiter noch zu steigern. Beide erkennen zu spät, dass sie Wesentliches verloren haben.

In den meisten Fällen ist die Situation milder: Die Beförderung weckt Fähigkeiten, die Selbstkritik erleichtert es, sich auf die neuen Aufgaben einzustellen, die entferntere und indirektere Befriedigung, andere zu etwas anzuleiten, das eigene Ziele realisiert, tritt an die Stelle unmittelbarer Erfolgserlebnisse. Auch die Einsamkeit, die jede Führungsposition mit sich bringt, kann dann als zwangsläufig und notwendig akzeptiert werden.

Gerade mit diesem Punkt haben aber die regressiv reagierenden Vorgesetzten die größten Probleme. Sie können nicht ertragen, dass der Zuwachs an Macht und Verantwortung immer auch einen Verlust an vertrauensvollen und offenen Beziehungen mit sich bringt; noch weniger werden sie oft damit fertig, dass sie nicht geliebt oder wenigstens bewundert, sondern kritisiert, gefürchtet oder angefochten werden.

In jeder Hierarchie können sich die unteren Rangstufen gegen die höheren solidarisieren und Aggressionen dadurch verarbeiten, dass sie diese nach oben richten. »Ich würde gerne nachgiebig, tolerant, großzügig sein, aber ich werde durch die Oberen daran gehindert«, ist eine geläufige Formel. In ihr steckt eine geheime Spaltung, ähnlich der geschiedenen Mutter, die dem Kind sagt: »Ich würde dir das neue Fahrrad gerne kaufen, aber dein

Vater gibt uns so wenig Geld, dass du das alte behalten musst.« So ist alles Versagen beim Vater, alles Gewähren bei ihr. Wer nun selbst Gesamtverantwortung trägt, kann nicht mehr auf diese Weise Versagungen beschönigen und harte Absagen vermeiden. Das macht einsam und bringt die Versuchung mit sich, sich die verlorene Geborgenheit durch Schwächeäußerung zu erschleichen.

Im Folgenden ein Bericht, in dem die Dynamik der Machtausübung durch Schwäche in einem Team dargestellt wird. Die Analyse zeigt, wie in konkreten Situationen persönliche, ideologische Merkmale und Merkmale der Organisationsstruktur zusammenwirken.

Wie eine Sekretärin ihren Chef entließ

Die Handlung spielt in einer ökumenischen Eheberatungsstelle, die im Obergeschoss eines schönen Palais in der Fußgängerzone neben einer wichtigen Kirche eingerichtet wurde. Die Therapeuten dort sind teils Mittler, teils Heiler; ihr Dienst erfolgt um Gottes Lohn, soll aber nach zehn bis zwanzig Stunden abgeschlossen sein, sei es durch den Heilerfolg, sei es durch die Überweisung in eine ärztliche oder psychologische Praxis. Die Berater haben kein für alle verbindliches Konzept; ihr gemeinsamer Nenner ist die christliche Trägerschaft, ihr Symbol das Glockengeläute, das um zwölf Uhr penetrant jedes Gespräch unterbricht. Sie arbeiten im Team, und wenn sich nicht alle einig sind, wird kein Beschluss gefasst, weil es schlecht wäre, jemanden auszugrenzen.

Wir nennen die Sekretärin, die ihrem Chef kündigte, hier Martha. Sie hatte in Freiburg ein Pädagogikstudium abgebrochen und an der Sorbonne einen Qualifikationsversuch als Dolmetscherin. Weil sie nicht bereit war, ihre Ansprüche an einen demokratischen Umgangsstil am Arbeitsplatz aufzugeben, hatte sie ihre gut dotierte Stelle als Übersetzerin verloren. Die Kirche konnte nicht so viel zahlen, aber es war sinnhafte Arbeit hier, es galt, Menschen zu helfen, da wollte Martha nicht kleinlich sein.

Dieser inhaltliche Bezug zur Arbeit und die attraktive, energische Person gefielen dem Psychologen, der – nur formell nach außen, denn innen regierte das gleichberechtigte Team! – die Beratungsstelle leitete. Alle hatten den besten Eindruck von Martha, die mit keinem Wunsch, den die Teammitglieder an sie richteten, irgendwelche Probleme zu haben schien. Sie fand alles, was man von ihr erwartete, leicht und wirkte so motiviert und willig, dass sie gleich eingestellt wurde.

Wenn eine Beratungsstelle ihre Arbeit aufnimmt, gibt es einen Honigmond wie in einer jungen Ehe: Die Klienten kommen spärlich, es ist viel Zeit, sich auszutauschen, zusammenzusitzen, Pläne zu machen, wen man noch informieren wird, um Aufträge zu finden. Auch die Zugewiesenen sind zunächst dankbar, einen Platz gefunden zu haben.

Nach einem halben Jahr, wenn die Probezeiten abgelaufen sind, finden sich die Mitarbeiter allmählich in einer schwierigeren Lage. Die Klienten haben bemerkt, dass die neue Beratungsstelle sie oder auch ihren Partner nicht zu neuen Menschen macht. Wenn sie sich angesichts ihrer Eheprobleme selbst für vollkommen und den Partner für schuldig gehalten haben, erkennen sie allmählich, dass in der Veränderung unerwünschter Züge dieses Partners die Berater ähnlich ohnmächtig und vielleicht nicht einmal so motiviert sind wie sie selbst. Das erregt ihren Zorn, und die Sekretärin, die immer als Erste am Telefon ist, wird manchmal zum Blitzableiter dieses Zorns. Sie wird versuchen, höflich zu bleiben, sie kann an den zuständigen Therapeuten verweisen und einen Termin weitergeben, zu dem dieser erreichbar ist.

Allmählich trübte sich das rosige Verhältnis zwischen Martha und den Beratern. Sie war zu kompetent und zu sehr von ihrer Bedeutung in der Stelle überzeugt, um sich am Telefon für unzuständig zu erklären. Und sie war bereits ein wenig verärgert, dass die Berater jetzt viel weniger Zeit hatten, im Büro mit ihr zu plaudern. So befragte sie die Klienten nach den Quellen ihrer Unzufriedenheit und gab ihnen Recht oder Unrecht, je nachdem, ob das Berichtete ihren Eindruck von den Beratern spiegelte oder nicht.

Man könne, so hatte ihr der Leiter zu Beginn ihrer Tätigkeit gesagt, hier über alles reden. Also redete sie über alles und war empört, als der Leiter sie dafür tadelte und etwas wie »unsolidarisches Verhalten« sagte. Verlangte er von ihr, im Dienst seines Ansehens zu lügen? Das konnte doch nicht wahr sein, nicht bei der Kirche!

Der Leiter redete eine Woche nicht mehr mit Martha, und Martha weinte eines Morgens, als gerade die Stellvertreterin des Leiters das Sekretariat betrat; dann erzählte sie ihr, wie sie es so gut gemeint hatte und wie sie so schlecht behandelt worden war; daraufhin brachte die Stellvertreterin Marthas Problem im Team zur Sprache. Warum der Leiter Martha weniger glaube als der Klientin, die sich über das merkwürdige Telefonat beschwert habe?

Es endete damit, dass der Leiter sich bei Martha entschuldigte und sie bat, künftig wenigstens keine Erklärungen mehr gegenüber Klienten abzugeben. Martha hielt sich eine Weile daran, wie an alles, was sie versprach, aber sie war spontan, das lag in der Familie, und sie wollte ihre Kreativität nicht zügeln, das hätte sie depressiv gemacht.

Bald war Martha die Großklientin, welche die vier Beraterinnen und Berater in ihren Fallbesprechungen diskutierten. Mit dem einen redete sie über ihr Alkoholproblem. Mit einem Zweiten über ihre gescheiterte Ehe. Eine Weile beschäftigten sich zwei Berater damit, ihr zu helfen, Briefe an ihren Vermieter aufzusetzen, der ihr fristlos gekündigt hatte. Die älteste Frau in der Beratungsstelle erlaubte Martha, ihre Möbel in ihrer Garage unterzustellen; eine andere fand eine kirchliche Sozialwohnung, die Martha aber zu klein war, und außerdem wollte sie nicht noch stärker von einer Kirche abhängig sein, in der eine priesterliche Hierarchie Frauen unterdrückte.

Wenn die Berater ohne Martha zusammen waren, klagten sie: wie sie manchmal den einen Auftrag, etwas zu tippen, annahm und dann einen anderen, unberechenbar, wegen Überlastung zurückwies; wie sie Termine verschlampte und dann die Schuld den Klienten oder den Kollegen gab; wie sie nach Gin roch und wie im Kühlschrank der Teeküche ihre angebrochenen Joghurtbecher schimmelten. Sie sehe bald aus wie ein Clochard und rieche nicht anders, eigentlich sei das den Klienten nicht mehr zuzumuten.

Niemand sagte es Martha ins Gesicht; die Berater wetteiferten darin, sie zu entlasten, ihr schweres Schicksal neben einem narzisstischen und untreuen Ehemann zu würdigen, dem sie trotz der unausweichlichen Scheidung doch nachzuweinen schien. Wo einer über Martha klagte, breitete ein anderer einen kostbaren Fund aus ihrer Kindheit und Jugend aus, und einmal entdeckten zwei Berater verblüfft, dass jeder von ihnen von einem großen, verschwiegenen, traumatischen Geheimnis Marthas wusste, das sie nur ihm anvertraut hatte und niemandem sonst.

Martha ging es oft so schlecht, dass sie nicht arbeiten konnte. Wenn sie aber zu Hause blieb, fühlte sie sich ganz verlassen, also kam sie in die Stelle und klagte, und die Therapeuten wechselten sich ab in Zuwendung und Rückzug. Martha warf ein verwirrendes Netz von Kränkungen und Zuwendungen über das Team. So teilte sie etwa einem Berater mit, was er ihr neulich gesagt habe, sei tief eingedrungen und von größerer Hilfe gewesen als alles, was sie in mehreren leider erfolglosen Therapien erfahren konnte. So viel Expertenrang entließ den Berater gestärkt und bereichert, und er widersprach seinem weniger glücklichen Kollegen, der sich darüber beklagte, dass Martha zwei Termine durcheinander gebracht und versehentlich die Kassette mit den von ihm diktierten Briefen gelöscht habe.

Marthas Urteile über die menschlichen Qualifikationen der Mitarbeiter fielen anders aus als die des Leiters. Dieser forderte überlegtes Vorgehen und eine lerntheoretische Denkweise; Martha hingegen setzte auf Einfühlung, menschliche Begegnung und Spontaneität. Den Leiter fand sie verklemmt und autoritär, er verstecke sich hinter einer Maske, daher würden sich auch immer wieder Klientinnen beschweren, die sich hochmütig und abweisend behandelt fühlten. Die Stellvertreterin des Leiters nickte, wenn Martha so redete; es war doch klar, dass nicht methodische Disziplin, sondern Herz und Einfühlung in menschliches Leid wirklich halfen.

Anfangs hatten die Therapeuten versucht, in gemeinsamen Fallbesprechungen ihre Arbeitsweise einander vorzustellen und sich in kritischen Situationen weiterzuhelfen. Aber die Sitzungen wurden immer unergiebiger, weil immer jemand zu spät kam und andere früher gehen wollten, um einen dringenden Termin zu erledigen. Die Stellvertreterin klagte fast jedes Mal über Arbeitsüberlastung: Wie viele Hindernisse legten einem doch verständnislose, sadistische Ehemänner, alkoholkranke Frauen, unzuverlässige Klienten und undankbare Paare in den Weg! Das Sozialamt kümmere sich um nichts, und mit der Polizei könne man ohnehin nicht reden.

Der Leiter hätte manchmal am liebsten gesagt, es sei doch ihr Beruf, sich mit solchen Menschen auseinander zu setzen, legte dann aber lieber die Termine, zu denen er in den Diözesanrat für die Beratungsstellen musste, auf den Sitzungsvormittag. So war er jede zweite Woche von den Tiraden befreit, die seine Stellvertreterin (»diese unqualifizierte Supermutter«) vortrug.

Er war froh um seine Ruhe, und die anderen hielten es ähnlich: Jeder Berater verschwand, kaum war er gekommen, in seinem Zimmer, nur die Stellvertreterin verbrachte lange Nachmittage bei Martha im Büro, mit so ernst angesichts der kleinsten Störung verstummenden Gesprächen, dass die anderen gar nicht mehr ins Sekretariat kamen und lieber ihre Briefe selbst tippten, als sie Martha zu diktieren, die immer überlastet war.

Der Leiter wollte nicht so schnell aufgeben, vor allem weil er jedes Jahr einen Bericht über die Arbeit der Stelle vorlegen musste, sonst wurden die Gelder nicht weiter bewilligt. Und wenn auch niemand nachprüfte, ob »Klientenkontakte« ein Anruf, ein geplatztes Vorgespräch oder eine längere Beratung waren, so musste dieser Bericht umfangreich und eindrucksvoll sein, das war er der Einrichtung schuldig.

Martha ließ ihn hängen, mal waren zu viele Telefonate gekommen, mal war der Computer abgestürzt und hatte die bereits eingegebenen Statistiken unwiederbringlich verschluckt; dann plagte sie eine Sehnenscheidenentzündung. Schließlich setzte Martha durch, dass der Bericht, weil er sonst nicht rechtzeitig zur Tagung des Sozialrates der Diözese fertig geworden wäre, außer Haus geschrieben wurde.

Jetzt hatte der Leiter genug; er schrieb Martha eine Abmahnung. Als sie sich daraufhin weigerte, von ihm noch irgendeine Arbeit anzunehmen, denn ihr werde angesichts des von ihm verkörperten autoritären Unrechts tödlich schlecht und sie müsse um ihre Gesundheit fürchten, schrieb er die zweite Abmahnung. Dann ging er zum zuständigen Domkapitular und forderte ihn auf, Martha zu kündigen. Diese Entscheidung liege nicht in seiner Befugnis; er habe hier eine beratende Funktion, die allerdings bisher immer respektiert worden sei.

Diesmal traf ihn ein skeptischer Blick. Der Prälat gab ihm ein Blatt, das die Unterschrift seiner Stellvertreterin trug, des Inhalts, dass der Leiter mit einem unklaren und dem Team unverständlichen Widerwillen gegen Martha agiere, der diese nervlich extrem belaste; ihre häufigen Fehlzeiten und was ihr der Leiter als Arbeitsverweigerung auslege, seien medizinisch gerechtfertigte – tatsächlich lag irgendwo auch ein Attest – und durch das vom Leiter verschuldete Mobbing bedingte Leidenszustände.

Zudem vernachlässige der Leiter seine Führungspflichten,

was sich in seinem Fehlen bei jeder zweiten Teamsitzung ausdrücke. Das Team halte es aus christlichen und sozialen Erwägungen für untragbar, Martha zu kündigen. Wie glaubhaft könne man sich noch für Kommunikationstherapie, heilende Gespräche, Verständigung im Konfliktfall einsetzen, wenn die elementarsten Grundsätze des menschlichen Umgangs nicht einmal gegenüber der Schwächsten im Team, der Sekretärin, gewährleistet seien?

»Wenn Sie die anderen auf Ihre Seite bringen«, sagte der Prälat, »dann können wir Ihre Mitarbeiterin versetzen oder entlassen. Aber wenn Ihnen das nicht gelingt, müssen wir sie behalten; ein Skandal würde der Stelle schaden, und Ihre Stellvertreterin hat Kontakte zu den Frauenarbeitskreisen und zum Südafrika-Projekt. Wenn sie sich an die Presse wendet ...«

Der Leiter unterbrach seine Rede über Marthas Unzuverlässigkeit und Launenhaftigkeit, über ihre Alkoholprobleme und über den schwierigen Charakter seiner Stellvertreterin, als er bemerkte, dass der Prälat eine weiße, ringgeschmückte Hand hob, um ein Gähnen zu verdecken. »Ich werde es versuchen«, sagte er jetzt knapp. »Entschuldigen Sie, dass ich Ihre kostbare Zeit ...« – »Schon gut, meine Pflicht, es wird sich sicher eine gütliche Lösung finden.«

Fand sie sich? Viel Gütliches wurde gesprochen, um Wütliches zu verbergen. Die Teamsitzungen waren bestimmt davon, dass der Leiter forderte, Martha müsse entlassen werden, und die anderen ihm weder widersprachen noch zustimmten. Vielmehr diskutierten sie Marthas Symptome, ihren Rückfall in eine längst ausgeheilte Bulimie und bemühten sich um Prognosen, ob sie ohne Suizidalität die Kündigung ertragen werde.

Der Leiter müsse einsehen, dass er stark und belastbar sei, was man von Martha gewiss nicht sagen könne. Der Schutz der Schwachen sei aber doch ihr dienstlicher Auftrag. Martha schloss sich, kaum hörte sie ihn die Tür öffnen, im Klo ein und würgte dort, so dass es alle hörten und er einen Ton des Vorwurfs auch noch in ihrem Erbrechen zu vernehmen glaubte. An Arbeit war im Sekretariat nicht zu denken, er musste die dringendsten Angelegenheiten mit seiner Stellvertreterin regeln, die von allen den besten Draht zu Martha hatte und sie sogar zum Arbeiten brachte.

Das Ultimatum verstrich, und die Teammitglieder hatten sich weder gegen Martha noch gegen den Leiter entschieden, sie redeten beiden zu, sich doch zu vertragen. Martha sagte, sie sei Christin und würde sich jederzeit und nur allzu gerne versöhnen, allem, was er ihr angetan habe, zum Trotz, aber etwas sei stärker als sie, sie könne nichts dafür, dass sie angesichts des Leiters dieser längst überwundene Brechreiz überfalle und nicht mehr loslasse. Der Leiter sagte, in das Aufseufzen der übrigen Berater hinein, Martha sei eine falsche Schlange, er habe keine Lust mehr nachzugeben, was er gesagt habe, habe er gesagt. Wenn das Team nicht hinter ihm stehe, dann müsse er eben die Konsequenzen ziehen und sich eine andere Stelle suchen.

Es war nun auch tatsächlich der Fall, dass der Leiter weniger Mühe hatte, eine neue Stelle zu finden, als Martha, und so erschien es korrekt, dass er kündigte und Martha ihren Arbeitsplatz behielt. Arbeitsplatz ist freilich ein eingeengter Begriff dafür: Martha lebte im und für das Büro, die Berater, die ihr Wohlwollen hatten, wurden von ihr mit Kaffee und Kuchen versorgt, sie stöhnte, wenn die falschen ihr Arbeit gaben, und konnte einfach nicht mit dem neuen Programm arbeiten, mit dem der Nachfolger des verlorenen Chefs versuchte, seinen Computer mit dem des Sekretariats zu vernetzen. Am liebsten saß sie am Telefon und sprach mit den Klientinnen, gab Tipps, welche Berater kompetent seien und welche noch wenig Erfahrung hätten, wer es gut mit Frauen könne und wer geeignet sei, Problemväter zur Vernunft zu bringen.

Der neue Leiter fand sich damit ab, dass er seine Korrespondenz eigenhändig tippen musste; da ihm sein neues Schreibprogramm viel Spaß machte, vermisste er Marthas Hilfe nur selten.

Gelegentlich musste er ihr vorsichtig die Klage eines Klienten oder eines Mitarbeiters vermitteln, sie habe am Telefon lallend gesprochen oder sie solle angeschimmelte Käsereste aus dem Bürokühlschrank entfernen.

Martha wies solche Vorwürfe empört zurück, weder das Lallen noch der Schimmel seien ihr zuzuordnen, sie habe genug unter seinem Vorgänger gelitten, jetzt könne sie wirklich gar keinen Stress mehr ertragen, sie habe zur Zeit genügend Probleme, ihr Hauswirt, dieser Naziblockwart, bedrohe sie mit Kündigung, weil die anderen Mieter, seine willigen Werkzeuge, sie wegen winziger Zufälle angeschwärzt hätten. Es sei die Schuld des Hausmeisters, nicht ihre, wenn der Überlauf ihrer Badewanne verstopft und das Wasser, als sie einmal dort eingeschlafen sei, durch drei Stockwerke geronnen sei. Das zweite Mal habe sie es wirklich noch fast rechtzeitig bemerkt, das dritte Mal sofort auf das Klopfen der Mietpartei unter ihr reagiert. Aber dennoch drohe er mit Kündigung, und sie müsse sich ihr Recht – wie alles – erstreiten.

Als Martha tatsächlich ihre Wohnung verlor, brachte sie ihre treueste Vasallin in einem Kloster unter, das gelegentlich Obdachlose aufnahm. Marthas Möbel stellte die Therapeutin in ihren eigenen Keller. Die Freundschaft zerbrach dann daran, dass Martha, nachdem ihr endlich der Sozialarbeiter des städtischen Dienstes eine subventionierte Bleibe in zwei Zimmern mit Südbalkon verschafft hatte, feststellen musste, dass sich das Furnier von ihrer ererbten Biedermeierkommode löste. Die nachlässige Therapeutin, der Martha nie wirklich getraut hatte – sie war ihr zu fromm –, hatte das schöne Stück in einen feuchten Raum gestellt und war jetzt nicht einmal bereit, den Restaurator zu bezahlen; sie konnte froh sein, dass Martha sie nicht auf Schadenersatz verklagte.

Streng im Sieg, mild in der Niederlage

Führen bedeutet für die meisten Menschen anführen, vorwärts führen, zu Expansion und Eroberung. Aber diese Bedeutung drückt eine Illusion aus, die mit einer kindlichen Fehleinschätzung zusammenhängt: Leben wird darin als Fortschritt, als Steigerung von Kompetenz, als Ausdehnung der eigenen Macht verstanden. Die Einsicht, dass das nur die eine Seite der Medaille ist, wird gerne verdrängt. Aber jedem Sieg steht eine Niederlage gegenüber. Während sich Siege sozusagen von selbst bewältigen, ist die Verarbeitung der Niederlage das Kriterium, welches den fähigen Leiter vom unfähigen unterscheidet.

Nach jedem Erfolg gibt es etwas zu verteilen. Wenn das Publikum klatscht, zeigt der Dirigent auf das Orchester, und die Sänger bitten ihn auf die Bühne. Wenn es buht, gibt es nichts abzutreten; jeder ist dann in der Festigung seines Selbstgefühls auf die eigenen Ressourcen verwiesen. Der Manager eines expandierenden Unternehmens betont, dass die Erfolge vor allem den fähigen, disziplinierten und kreativen Mitarbeitern zuzuschreiben sind; die Mitarbeiter rühmen ihren Manager als Glücksbringer, Strategen, Bannerträger. Der Leiter ist unangefochten; die Mitarbeiter sind wertvoll.

Ganz anders nach der Niederlage. Jetzt gilt es nicht mehr Anerkennung zu verteilen, sondern Entwertung, Scham und Schuld. Dann verwandelt sich der größte Leiter aller Zeiten in einen Wahnsinnigen und Großverbrecher; das Volk, für das der Leiter jedes Opfer auf sich nehmen wollte, verdient plötzlich keinerlei Nachsicht mehr und soll, wenn es schon den Sieg nicht erringt, wenigstens den Untergang mit dem Leiter teilen. Indem sich die Geschichte wiederholt, kann aus der Tragödie die Farce werden – und umgekehrt. Hierarchiezerfall und Ordnungsverlust in der Niederlage lassen sich in intimen Partnerschaften ebenso nachweisen wie in Armeen, in Unternehmen ebenso wie in Fußballmannschaften, wo die Frage nach dem Wechsel des Trainers zur Krisenroutine gehört.

In guten Zeiten tritt der Trainer bescheiden zurück und verweist auf die glänzenden Leistungen der Mannschaft, die wiederum das hohe Lied von seinen überragenden Führungseigenschaften singt. In schlechten versteht der Trainer seine Mannschaft nicht mehr, und diese findet seine Strategie ein Verwirrspiel und sein Konzept unsinnig. In der siegreichen Mannschaft haben sich alle gestützt und gedeckt; verliert das Team, lesen wir morgen über die Sündenböcke.

In der Krise unterscheiden sich die wahren Seeleute von Schönwetterkapitänen. Bei Sonne und Rückenwind haben sich eben noch alle prächtig verstanden; im Sturm nach einem Mastbruch verfluchen sie sich gegenseitig und riskieren lieber das Schiff als ein Stück Einsicht in ihre mangelnden Fähigkeiten.

Zur Postmoderne gehört, dass sich die Welt sehr schnell verändert und daher Voraussicht fast unmöglich wird. Man kann so weit gehen, Führung überhaupt für unzeitgemäß zu halten und das multiprofessionelle Team an die Stelle des veralteten Leiters zu setzen. Das ist richtig und doch nicht die ganze Weisheit.

Die nicht veraltende Qualität der Führung liegt im Umgang mit menschlichen Grundeigenschaften, mit Regression, Selbstüberschätzung, Disziplinlosigkeit und der Unfähigkeit, zu differenzieren beziehungsweise die Realität einzuschätzen. Hier sind die Aufgaben eines Stammeshäuptlings und eines modernen Teamleiters sogar enger verwandt als beide mit den militärischen Traditionen, in denen es einen engmaschigen Regelkodex gab, den auszufüllen bereits einen brauchbaren Hauptmann machte, freilich noch längst keinen genialen Strategen.

Der Leiter im Vormarsch kann sehr selbstbewusst scheinen,

aber sein Verhalten in der Krise belegt, wie fundiert und wirklichkeitsnah dieses Selbstbewusstsein ist, ob es auf einer geistigen und emotionalen Basis ruht oder den Mangel an dieser Basis durch Potenz- und Überlegenheitsbeweise zu kompensieren sucht.

Der unsichere Leiter schreibt den Erfolg unbedingt sich selbst zu. Wenn er auch andere an dem Glanz teilhaben lässt, funktionieren sie sozusagen als Teil von ihm und werden nicht als unabhängige Personen respektiert. Der Erfolg wird idealisiert, das heißt, dass der erfolgsabhängige Leiter sich weder vorstellen kann, dass sein Erfolg günstigen Umständen, einer Schwäche der Gegner oder Ähnlichem zuzuschreiben ist, noch daran denkt, er könnte auch einmal *keinen* Erfolg haben.

Aus diesem Grund ist er auch nicht in der Lage, seine Mitarbeiter auf Misserfolge vorzubereiten und gegen entsprechende Gefahren zu wappnen. Er gleicht einem Feldherrn, der seine siegreiche Truppe durch Plünderungen und Ausschweifungen belohnt, aber nach der ersten kleinen Niederlage aller Vergünstigungen beraubt und grausam schleift, um den eingerissenen Schlendrian wieder gutzumachen. Der kompetente Feldherr hingegen wird umgekehrt vorgehen. Er wird seine Truppe im Sieg diszipliniert und streng behandeln, um keine Nachlässigkeit einreißen zu lassen. Nach einer Niederlage wird er dann eher milde sein, das ohnehin geknickte Selbstbewusstsein seiner Leute schonen und versuchen, sie für eine Analyse des Scheiterns und eine gemeinsame, bessere Problembewältigung zu gewinnen.

Unter diesen Umständen werden sie sich für ihn einsetzen, während sie gegen den erst verwöhnenden, dann aber überstrengen Leiter rebellieren. Den Leiter, der in der Niederlage seine Truppe zusammenhalten und aus einer belastenden Situation das Beste machen kann, zeichnet ein hoher Realitätssinn aus. Er kann die Ziele seiner Mitarbeiter, seine eigenen Ziele und die Wirklichkeit besser verknüpfen und überzeugender vorbringen, als das seine inkompetenten Rivalen zu tun vermögen. Er tritt weder zu weit zurück noch zu sehr in den Vordergrund. Wie der geübte Kampfsportler, der die größte Kraft an genau dem Punkt entfaltet, an dem sie notwendig ist, verzettelt er sich weder in der Grandiosität noch in der Bescheidenheit, sondern lässt die Sache, um die es allen geht, möglichst genau durch sich hindurch zu den anderen wirken.

Der Erfolg hat, wenn ihn ein Leiter nicht kritisch sehen kann, dieselbe Wirkung auf seine Kompetenz wie die Freude an Schmeichlern. Machiavelli hat einige sehr bedenkenswerte Dinge über Schmeichler gesagt. Wer sich mit Schmeichlern umgibt, begeht einen schweren Irrtum; gleichzeitig ist es nicht leicht, sich davor zu schützen, denn die meisten Menschen sind derart selbstgefällig, dass sie sich nicht vor der Pest der Schmeichelei schützen können.

»Es gibt kein anderes Mittel, sich vor Schmeichelei zu hüten, als den Menschen zu verstehen zu geben, dass sie dich nicht beleidigen, wenn sie dir die Wahrheit sagen. Wenn dir aber jeder die Wahrheit sagen darf, bleibt die Ehrerbietung dir gegenüber aus. Deshalb muss ein kluger Fürst einen dritten Weg einschlagen, indem er für seine Regierung weise Männer auswählt, denen allein er die Freiheit gewährt, ihm die Wahrheit zu sagen, und zwar nur über die Dinge, nach denen er fragt, und über nichts anderes. Er soll sie aber über alles um Rat fragen und ihre Meinungen anhören und dann nach eigenem Ermessen entscheiden; gegenüber jedem dieser Ratgeber soll er sich so verhalten, dass jeder von ihnen merkt, er werde desto beliebter, je freimütiger er rede. Außer auf sie soll er auf niemanden hören, sondern die einmal beschlossene Sache verfolgen und hartnäckig bei seinen Entscheidungen bleiben. Wer sich anders verhält, wird entweder von den Schmeichlern ins Verderben gestürzt, oder er ändert oft seine Entschlüsse wegen der Verschiedenheit der Ansichten: Daraus erwächst ihm geringe Achtung.«

Machiavelli sucht nach dem Mittelweg zwischen Unangreif-
barkeit und Autorität einerseits, die verblendet und borniert
sein können, und Offenheit für alle erdenklichen Ratschläge andererseits, die Erkenntnis fördern, aber auch verwirren können
und unter Umständen den Fürsten als Wetterfahne erscheinen
lassen, der schließlich – weil er allen nach dem Mund geredet
hat – bei keinem mehr Glauben findet.[18] Er schlägt vor, dass der
Leiter viel fragen und geduldig zuhören muss, um die Wahrheit
herauszufinden; er soll sich auch entrüsten und darum kämp-
fen, wenn ihm Wahrheiten aus irgendwelchen Bedenken vorenthalten werden – vorausgesetzt, er hat danach gefragt. Ungefragt
nimmt er keine Ratschläge entgegen und entmutigt jeden, der
ihm einen ungebetenen Rat gibt.

Wer nicht selbst klug ist und gut mit sich zu Rate gehen kann,
ist auch nicht in der Lage, gute Ratschläge von anderen zu erkennen und anzunehmen. Wenn ein Fürst klug *erscheinen* will,
muss er sich einem einzelnen klugen Mann ausliefern und alles
tun, was dieser sagt – doch nach kurzer Zeit wird dieser ihm die
Macht entreißen. Vermeidet der Fürst das, dann wird er von jedem Ratgeber eine andere Meinung hören, und mangelt es ihm
an Klugheit, diese Meinungen aufgrund der in ihnen verborgenen Interessen der Ratgeber einzuordnen und zu bewerten,
dann wird er nicht von diesen Ratgebern profitieren. Also, frei
nach Machiavelli: Die Kompetenz eines Leiters kann der Leiter
sich nicht von seinen Mitarbeitern holen; umgekehrt aber
wächst die Kompetenz der Mitarbeiter aus der Kompetenz des
Leiters, der sie seinem Verständnis gemäß fördert und einsetzt.
Diese Anmerkungen gelten heute noch mehr als im 16. Jahrhundert, weil sich auch die Zahl der Experten und Expertisen seither vermehrt hat.

Die Probleme der Leitung angesichts einer Niederlage lassen
sich mit den Erziehungsproblemen vergleichen, die während der
Pubertät und Adoleszenz auftreten. So lange ein Kind klein ist,
liegt sozusagen die Zukunft vor ihm; es wird wachsen, geschick-

ter werden und in diesem Wachstum seine Eltern bestätigen, die ihrerseits dem Kind vermitteln, welche Freude es ihnen macht. Dieses Klima des siegreichen Fortschritts und des geistigen wie emotionalen Wachstums wird von den Eltern kontrolliert und bestätigt sie in ihrem Selbstgefühl.

Aber schon Schulkinder sehen oft nicht ein, dass ihre Leistungen für die Eltern ein Signal dafür sind, dass sie alles richtig gemacht haben. In der Pubertät wird diese Auseinandersetzung dramatischer, weil die Kontrolle der Eltern über die Jugendlichen schwindet. Die erwachende Sexualität führt dazu, dass Kinder und Eltern nicht mehr reine Freude über das Fortschreiten der Entwicklung empfinden, sondern sich vor den damit verknüpften Verlusten, Gefahren und Entwertungen fürchten.

Was hilft einer Vierzehnjährigen die Liebe der Eltern, wenn sie das Gefühl hat, bei den Jungen schlechter anzukommen als ihre Kameradinnen? Wenn sie jetzt muffig wird und die Eltern in rechthaberische Streitigkeiten verwickelt, dann handelt sie nach dem klassischen Modell der Ablösung von einer zu eng gewordenen Heimat: Sie verbrennt die Schiffe, mit denen sie an der Küste ihres eigenen Lebens gelandet ist, um sich die Möglichkeiten abzuschneiden, in Zuständen der Angst und des Schmerzes ihre Ablösung und Autonomie wieder preiszugeben und sich an Eltern zu klammern, von denen loszusagen sie sich doch entschlossen hat. Für beide Seiten sind die daraus entwachsenden Verluste an narzisstischer Bestätigung, an Wachstums- und Erfolgserlebnissen schwer zu verkraften.

Als Beispiel für die Folgen der Selbstgefühlsmängel und ihre gegenseitige Steigerung erfinde ich einen Dialog:

Tochter: *Ihr seid schuld, dass ich immer noch keinen Mann gefunden habe, der etwas taugt. Du, Mutter, hast mich nicht davor beschützt, dass mich der Vater geprügelt hat. So bin ich fürchterlich misstrauisch und lasse keinen Mann an mich heran. Kein Wunder, dass ich sie alle wieder verliere.*

Vater: *Ich habe dich nie geschlagen. Du bist undankbar.*

Tochter: *Natürlich hast du es getan. Ich wäre ja gerne dankbar, wenn es mehr zu danken gäbe als die Tatsache, dass ich auf der Welt bin. Und ob das die reine Freude ist, da bin ich mir gar nicht sicher.*

Mutter: *Nur Sorgen muss man sich machen um das Kind. Warum nur kannst du nicht zufrieden sein, endlich erwachsen zu werden? Wie soll dich ein Mann mögen, wenn du immer so herumnölst?*

Tochter, zynisch: *So zufrieden wie du mit Vater? So zufrieden, dass du dich bei deinen Kindern beklagst, wie geizig er ist und wie er dich quält?*

Vater: *Ich erlaube nicht, dass du so mit deiner Mutter sprichst. Andere Kinder ehren ihre Eltern, wie es in der Bibel steht!*

Tochter: *Ihr wollt mir Schuldgefühle machen und habt selbst versagt. Mir reicht's, ich gehe!*

Angesichts des gleichen Problems lässt sich auch eine Interaktion konstruieren, welche die Selbstgefühlsmängel nicht verstärkt, sondern mildert:

Tochter: *Hans hat sich von mir getrennt. Ich glaube, ich tauge nicht für eine Ehe. Ich halte es nicht aus Tag und Nacht mit einem Mann. Wie habt ihr das nur geschafft?*

Vater: *Da hat er aber einen Fehler gemacht. Es wird Hans noch Leid tun, er findet keine Bessere!*

Mutter: *Es ist manchmal nicht leicht gewesen. Vor allem als wir das Haus gebaut haben, habe ich oft gedacht, ich halte es nicht mehr aus.*

Tochter: *Stimmt, das war schlimm. Papi hat nur herumgeschrien, dass wir zu viel Geld ausgeben, und er hat mich geschlagen, weil ich den Farbeimer umgestoßen habe.*

Vater: *Ich bin fast durchgedreht, weil der neue Teppichboden völlig verdreckt war. Aber ich glaube, ich war damals wirklich ziemlich unerträglich.*

Mutter, *zärtlich: Es hätte schlimmer sein können. Du hast wahnsinnig viel geschafft.*

Vater: *Es hat mir nachher gleich Leid getan, dass ich dich so geschlagen habe. Aber was will man machen? Meinst du, es hat dir geschadet?*

Tochter: *Keine Ahnung. Aber ich weiß auch noch, wie sehr ich mich über mein Zimmer gefreut habe. Du hattest mir ein extra breites Regal für meinen alten Plattenspieler eingebaut. Ich habe mich wahnsinnig gefreut, als ich eingezogen bin und alles meines war und gerade so, wie ich es wollte.*

In dem ersten Beispiel führen die »Niederlagen« der erwachsenen Tochter dazu, dass sie die Eltern entwertet und von ihnen entwertet wird. In traditionellen Erklärungsmustern wird die Schuld an dieser Entgleisung den Kindern zugeschrieben (die angeblich verwöhnt, anspruchsvoll, undankbar sind), in den modernen werden die Eltern schuldig (weil sie nachlässig, überbeschützend, missbrauchend waren). In der Konsumgesellschaft hat das Kind die bessere Presse, weil es für den Konsumenten steht, der möglichst viele Waren und Dienstleistungen beanspruchen soll. Es entstehen Berufsgruppen, die mit den realen Eltern konkurrieren und in dieser Konkurrenz missliebige Wettbewerber ausschalten.

Die zentrale Qualität guter Leitung ist die Fähigkeit, sich nicht in den narzisstischen Kannibalismus zu verstricken, der dann einsetzt, wenn Niederlagen und Rückschritte zu verarbeiten sind. In dem geschilderten ersten Beispiel hat die Tochter den Kannibalismus der Eltern übernommen, die sich gegenseitig entwerteten und versuchten, sie – jeder für sich – als Bundesgenossin zu gewinnen. Angesichts der Krise, welche die Tochter in ihrer Liebesbeziehung hat, wird ihr vermittelt, die Schuld bei sich selbst zu suchen und endlich die erfolgreiche Frau zu werden, welche die Eltern aufwertet und für das entschädigt, was sie sich in ihrem Kannibalismus angetan haben und antun. Im zweiten Fall sind die Einschränkungen und Leiden der Vergangenheit und der Gegenwart ebenfalls präsent, aber sie führen nicht dazu, dass die positiven Seiten übersehen werden.

Die Fallskizze über »Martha« und die Problematik des Führens in der Niederlage hängen zusammen, weil es in beiden um den klugen Umgang mit Grenzen der eigenen Einflussmöglichkeiten geht. Im Siege erscheinen diese unbegrenzt, in der Niederlage vernichtet: Keines von beidem ist wahr. Der Leiter wäre im Fall seines Sieges in die Gefahr geraten, sich für den Schöpfergott seiner Organisation zu halten; im Fall seiner Niederlage lockt ihn die Opferrolle, er resigniert und tröstet sich beispielsweise damit, dass er – wenn er schon nichts mehr beeinflussen kann – wenigstens mit einem größeren Stück vom Kuchen (Gehalt, Pensionsansprüche) aus der Situation hervorgehen wird.

»Martha« steht für die zahllosen Fälle, in denen die Kunst der Führung darin liegt, mit Mitarbeitern zu kooperieren, die man ungeeignet findet und dennoch nicht loswerden kann. Für helfende Berufe, die sich oft zu viel auf ihre Fähigkeit einbilden, durch Entgegenkommen und Einfühlung Menschen ihrem Wunschbild entsprechend zu verändern, ist diese Kooperation besonders erschwert, weil sie das Scheitern solcher Ansprüche als persönliches Versagen erleben und oft viel Energie in dem Bestreben vergeuden, es ungeschehen zu machen.

Aus einem Stück Kalbsfilet kann jeder Dummkopf einen guten Braten machen; die Kunst des Kochs erweist sich an einem zähen Stück Fleisch, alten Kartoffeln und welkem Salat. In der Konsumwelt wird jeder Hobbykoch angehalten, immer nur die besten Zutaten zu verwenden und Dinge wie die oben erwähnten wegzuwerfen. Aber solche schlichten Optimierungen scheitern in der Realität der Küche gelegentlich, in der Realität der Menschenführung immer.

Willige und begabte Mitarbeiter sind heiß umworben und selten; wer jeden entlässt, der nicht diese Qualitäten hat, steht bald ohne Leute da. Für den narzisstisch agierenden Leiter sind

»schlechte« Mitarbeiter ein Makel, ein ständiges Ärgernis, eine Quelle von Wut und Selbstzweifeln. Wenn er wirklich so grandios wäre, wie er sein müsste, hätte doch niemand gewagt, ihm solche Leute anzudienen – hat er sich auf die falsche Stelle beworben, hat er die falsche Firma gewählt? Für den realistischen Leiter sind sie eine Herausforderung, und er wird sich nach einem Arbeitstag am meisten für jene Szenen loben, in denen er durch aufmerksame Einsatzplanung und kritische Anerkennung einen dieser »schlechten« Mitarbeiter dazu gebracht hat, etwas besser zu werden.

Unser narzisstisches System, das sich zum Beispiel in der Aufmerksamkeitsverteilung durch die Massenmedien spiegelt, bereitet Leiter sehr wenig auf diese Aufgabe vor. Es geht vom Sieg, von der Höchstleistung aus und entwertet gnadenlos die Versager. Wenig repräsentiert sind jene Szenen *zwischen* Sieg und Versagen, in denen etwa ein »Versager« etwas weniger versagt oder in denen jemand, der das Zeug zum Sieg nicht in sich trägt, seine Leistung steigern kann.

Doch jeder reale Erfolg einer Organisation entscheidet sich auf dieser mittleren Ebene: nicht an der Spitze, wo die Gewinner hell funkeln, und auch nicht am Schluss, wo die Verlierer zusammenbrechen, sondern im Mittelfeld, wo die große Masse der Nichtgewinner und Nichtverlierer ihre Leistungen steigern oder reduzieren kann. Hier, in diesem mittleren Feld, muss der Leiter seine Energie entfalten, wenn er etwas ausrichten will.

Ein Vitamin gegen
Führungsmangelzustände[19]

Ein Modell, das Prozesse in einer Institution *vor* der Wahl eines Beraters erschließt, lässt sich mit dem Bild vom Vitamin beschreiben, das angesichts einer Mangelkrankheit dem Organismus zugeführt werden muss. Organismische Metaphern liegen allen systemischen Betrachtungsweisen nahe: Eine Institution muss, um zu überleben, Mechanismen ausbilden, die ähnlich funktionieren wie die Homöostase in einem Lebewesen. Es ist nicht nötig, hier näher auf die Theorien über Rückkopplungen und Selbstreferenz in lebenden Systemen einzugehen. Nur noch ein Gesichtspunkt zur Metatheorie meiner Metapher selbst: Sie zeigt, dass der Berater im Grunde davon ausgeht, dass er von der Institution in einer *rationalen* Funktion gesucht wird, die mit seinem professionellen Selbstbild übereinstimmt. Wenn diese rationale Interaktion verlassen wird, ist der Berater überrascht, vielleicht perplex und verwirrt.

Mein Modell dient nun dazu, diese Überraschung nicht beiseite zu schieben, sondern sie ernst zu nehmen und zum Ansatz für ein vertieftes Verständnis des noch nicht Fassbaren zu machen.

Näher zum Volk

Eine erfahrene Sozialpädagogin, die neben ihrer Supervisionstätigkeit ein Heim leitet, fühlt sich, wie sie in einer Balint-Gruppe berichtet, ratlos, verwirrt und ganz gegen ihre sonstige Berufserfahrung gehemmt in der Beratung eines Familienhilfe-

Teams im Sozialamt einer Mittelstadt. Es ist ihr nicht klar, was die vier älteren Frauen, die sie beraten soll, eigentlich von ihr wollen. Sie hat sich dort sehr fremd gefühlt, irgendwie unpassend, ihre Kleidung erschien ihr plötzlich zu bunt und zu salopp. Sie hat sich bemüht, ihre Stimme zu dämpfen – das kennt sie eigentlich nicht von sich.

Auch mit dem in der ersten Teamsupervision angesprochenen Problem sei sie nicht zurechtgekommen. Die Jüngste der Frauen im Team habe sich beklagt, dass sich der Jugendamtsleiter in ihre Arbeit einmische und sie in einem Telefonat mit einer Klientenfamilie entwertet habe. Die älteren Frauen im Team hätten nichts anderes dazu bemerkt, als darauf hinzuweisen, dieser Amtsleiter sei eben so, gegen ihn könne man nichts ausrichten, und sie werde schon noch lernen, damit zurechtzukommen, dass er die Familienhilfefrauen herabsetze.

In dieser Situation sah sich die Beraterin veranlasst, die junge Mitarbeiterin vor ihren Kolleginnen zu schützen und die Teamleiterin zu fragen, weshalb sie sich nicht mehr einsetze, um die Zusammenarbeit mit dem Jugendamt zu verbessern. Sie fühlte sich nicht wohl dabei, denn sie bemerkte, wie sehr sie sich über diese Teamleiterin und deren resignative und vorwurfsvolle Haltung ärgerte. »Wie soll ich das nur machen?«, fragte die Beraterin. »Wenn die Leitung gefordert ist, den Kompetenzbereich ihrer Mitarbeiter abzustecken, tut sie nichts und predigt Resignation. Und alle anderen nicken und stimmen ihr zu. Ich hoffte noch, die Junge würde wenigstens den Mut finden, sich mit diesem Amtsleiter auseinander zu setzen. Aber die sagte schließlich nur, sie habe jetzt begriffen, dass man nichts machen könne und dass sie sich auch nicht unbeliebt machen wolle.«

»Dabei ist es eben dieser Jugendamtsleiter, dem ich den Auftrag in A. verdanke«, erklärt die Beraterin. »Er hat mich auf einer Tagung erlebt, einer Fortbildung über die Arbeit in sozialen Brennpunkten. Ich hielt einen Vortrag, und weil es mir Spaß macht, den Leuten etwas aus dem wirklichen Leben zu zeigen, habe ich ganz genau erzählt, wie man sich als Therapeutin in einer Unterschichtfamilie fühlt, wie es dort aussieht, wie die Menschen miteinander und mit den Sozialpädagogen reden. Ich mache das gerne im Dialekt, ich rede leichter in der Mundart.

Ich bekam viel Beifall. Dieser Jugendamtsleiter ist nachher zu mir gekommen, hat sich nach meinem Arbeitsfeld erkundigt, ob ich auch Supervisionen mache, und hat mir gratuliert. Es sei der erste Vortrag gewesen, den er jemals in Dialekt gehört habe, und einer der besten, an die er sich erinnern könne. Und im Vorgespräch habe ich dann erfahren, dass er mich dem Leiter der Familienfürsorge, der einer seiner Parteifreunde ist, als Beraterin für dieses Team dringend empfohlen hat. Und was noch merkwürdiger ist: Als ich von der ersten Sitzung mit dem Team kam, habe ich ihn im Gang getroffen – ich kann mir nicht vorstellen, dass es ein Zufall war. Er hat mich begrüßt, mich noch mal wegen des Vortrags angeschleimt und mich gefragt, wie ich denn das Team hier finde.«

Der Beamte war offensichtlich unzufrieden mit den Leistungen der Familienhilfe, aber auch unwillig oder unfähig, diese Unzufriedenheit anders als durch Stichelei umzusetzen. Er hatte angesichts der Fortbilderin auf der Tagung gedacht: So wie diese Frau müssten die Frauen in »meiner« Familienhilfe sein. Daher der Versuch, die Beraterin dem Team beizumischen, wie ein Nahrungsmitteldesigner Vitamine in Konservenkost mischt. Das Team variierte diese Szene. Die jüngste, noch am wenigsten vom resignativen Geist angesteckte Mitarbeiterin versuchte, die Beraterin als »Vitamin« für ihre Auseinandersetzung mit den Einmischungen des Jugendamtschefs in ihrer Arbeit einzusetzen.

Die Beraterin fühlte sich unter dem Druck einer ausweglosen Situation, weil sie unbewusst den Auftrag nur allzu gut durchschaute. Er griff eine ödipale Szene auf, in der ihr Vater sie einerseits als Bundesgenossin gegen die depressive, zwanghafte und resignierte Mutter suchte, sie andererseits aber auch immer wieder im Stich ließ und ihr vorwarf, sie strenge sich nicht genügend an, durch Bravheit und Anpassung die Mutter froher zu stimmen.

Diese Doppelbotschaft hatte die Beraterin als Kind tief verwirrt und ihr ein später durch Ausbildung und erfolgreiche Arbeit nur mühsam kompensiertes Gefühl verschafft, es sei etwas nicht in Ordnung mit ihr, und wie sie es mache, sei es verkehrt: Wenn sie spontan und direkt agiere, stoße sie die Menschen vor den Kopf, wenn sie sich aber kontrolliere und zusammennehme, werde sie selbst depressiv und resigniere.

Diese Skizze illustriert das für die institutionsanalytische Balint-Arbeit typische Ineinandergreifen von institutioneller und persönlicher Dynamik. Eine der ödipalen Errungenschaften der Beraterin – ihre Fähigkeit, durch originelles Auftreten ein depressives Familienklima aufzulockern – hat einen resignierten »Vater« einer Institution zu dem Versuch veranlasst, diese angebotene Qualität für seine Einrichtung zu erwerben und sie in diese einzuspeisen. In dem chronischen Konflikt zwischen dem Jugendamtsleiter und den »Damen« der Familienhilfe spiegelt sich ein sozialer Konflikt zwischen einem Aufsteiger aus der Unterschicht, der sich von seinen Mitarbeitern dynamisches, engagiertes, emotional farbiges Auftreten erwartet und der gelegentliche Derbheiten für ein kontaktstiftendes Element hält, und den sozial engagierten Frauen aus der Mittelschicht, die auf Höflichkeit, Aggressionskontrolle und förmlichem Auftreten bestehen.

Der Jugendamtsleiter und die Beraterin sind sozusagen unbewusste Verbündete im Kampf gegen die resignierte, förmliche, kontrollierende Mutter. Die Macht dieser Mutter spürt der Jugendamtsleiter, weil er ja keine direkte Auseinandersetzung auf dem vorgeschriebenen institutionellen Weg sucht, sondern manipulativ agiert; die Beraterin nimmt diese Macht als Druck wahr, leiser zu sprechen, Dialekt zu meiden, keinen Ausschnitt und keine bunte Bluse zu tragen. Das Thema »Arbeit mit der Unterschicht« weckt das Thema »Unterdrückung des Kindes durch die Eltern«.

»Also werde ich das nächste Mal trotzdem eine bunte Bluse tragen und versuchen, die Damen dazu zu bewegen, dass sie sich selbst mit ihrem Amtschef auseinander setzen, der schließlich dafür sorgen soll, dass sich der Jugendamtleiter nicht in ihre Arbeit einmischt. Und wenn dieser mich noch einmal anspricht, frage ich ihn, ob er nicht selbst Supervision benötigt!« Mit diesem Ergebnis schließt die Beraterin ihre Balint-Gruppensitzung.

Viel hilft viel ...

Ein Berater wird von einer Einrichtung angefragt, in der auffällige Jugendliche in Übergangswohngruppen betreut werden. Er vereinbart ein Vorgespräch, diskutiert die Arbeitssituation und die Inhalte der geplanten Beratung und erfährt schließlich, dass das Team noch nicht entschieden hat, ob es die noch laufende Supervision bei einem Kollegen beenden oder neben der mit ihm geplanten Supervision weiterführen will.

Er regt nun an, auf diese Doppelsupervision zu verzichten, sich entweder für den bisherigen Berater zu entscheiden oder mit ihm einen neuen Anfang zu machen. Er wundert sich jetzt, was eine Anfrage neben der noch laufenden Supervision bei dem Kollegen zu bedeuten hat, den er für sehr qualifiziert hält. Es handelt sich um einen promovierten Therapeuten mit Abschluss an einem angesehenen Institut und Auslandserfahrungen bei einer bekannten Koryphäe, der bereits einige Bücher über stationäre Psychotherapie verfasst hat. Nach einem Jahr wird dem Berater mitgeteilt, der Kollege habe nun die Supervision von sich aus beendet; im Team sei eine Einigung, mit dem alten oder dem neuen Berater zu arbeiten, nicht zu erzielen gewesen.

Auch der neue Berater ist promoviert, Mitglied in mehreren

Fachgesellschaften, ausgebildeter Psychoanalytiker mit einem zweiten Schwerpunkt in Organisationsentwicklung. Er stellt beim ersten Termin fest, dass das Team äußerlich günstige Arbeitsbedingungen hat – die Jugendlichen wohnen mit Betreuern und Therapeuten in einer Jugendstilvilla in einem idyllischen Vorort –, in sich aber zerstritten ist.

Die Hauptkampflinie scheint zwischen den Sozialpädagogen, welche die Jugendlichen betreuen, und den Therapeuten zu liegen, die zu festen Terminen Einzelbehandlungen durchführen. Die gegenwärtige Leiterin ist eine freundliche Heilpädagogin, offensichtlich eine Kompromisskandidatin zwischen der Diplom-Psychologin, die vor ihr die Leitung hatte, und den Sozialpädagogen, welche die größere Gruppe der Teammitglieder stellen. Der Berater erkundigt sich, weshalb die frühere Leitung ihr Amt aufgeben musste, und erfährt, dass die Kombination von einziger Vollakademikerin in der Einrichtung und Leitung den Teammitgliedern »zu viel« gewesen sei. Die Psychologin habe die Leitung ohne Kampf abgegeben, weil sie – ob Leiterin oder nicht – das gleiche BAT-Gehalt erhalten habe und der Vorwürfe müde gewesen sei, die zwischen »Therapeuten« und »Betreuern« zirkulierten.

Für den Berater schien sich die im Team geäußerte Auseinandersetzung um die Frage zu drehen, wer nun die »eigentliche« Arbeit leiste: die Betreuer oder die Therapeuten. Beide Gruppen hatten sich abgeschottet; sie schienen hinter Wällen zu sitzen und sich gegenseitig mit Entwertungen zu beharken; die Leiterin schien ohnmächtig, die zerstrittenen Gruppen zur Räson zu bringen.

Die vier Betreuer – die Heilpädagogin und drei Sozialpädagogen – warfen den beiden Therapeuten – der Psychologin und einer Sozialpädagogin mit Kunsttherapieausbildung – vor, dass sich diese hinter ihrer Schweigepflicht verschanzten und zu keiner Auskunft bereit seien, was sie während der Therapie mit ihren Klienten besprächen. Wenn die Betreuer einen Vorschlag machten – beispielsweise einen Jugendlichen, der stabil erscheine, zu entlassen – behaupte die Kunsttherapeutin, er sei selbstmordgefährdet und müsse unbedingt bleiben.

Den Betreuern erscheine das als pure Willkür. Niemand wisse, wie fundiert diese Urteile seien. Man traue der Kunsttherapeutin zu, die Jugendlichen zu beeinflussen, um ihre Vorurteile zu bestätigen. Wenn sie wolle, dass einer depressiv sei, dann gebe sie ihm eben nur schwarze Farben; wenn er dann ein düsteres Bild male, behaupte sie, er sei selbstmordgefährdet, in Wirklichkeit wolle sie aber nur mit ihm weiter malen und keinen unbequemen neuen Klienten. Sie sei im Grunde auch gar keine richtige Therapeutin, sondern eine Sozialpädagogin wie die Betreuer auch. Zusatzausbildungen hätten auch die Betreuer abgeschlossen, manche bessere als die der Kunsttherapeutin.

Die Psychologin hielt sich völlig zurück; ihr schien es zu gefallen, dass ihre Rivalin angegriffen wurde. Die Heilpädagogin versuchte zu schlichten: Schließlich sei Maria als Therapeutin angestellt, und deshalb sei das, was sie mache, Therapie. Wenn einer von den Betreuern trotz gleicher formaler Qualifikation eine Stunde mit einem Jugendlichen rede, sei das ein pädagogisches Gespräch. Aber leider – jetzt blickte sie Hilfe suchend auf den Berater – geschehe es auch, dass ein Betreuer eine ganze Stunde lang mit einem Jugendlichen spreche und das Therapie nenne, woraufhin dieser dann nicht mehr in seine Therapiestunde gehe in der Meinung, er habe schließlich in dieser Woche schon eine Stunde Therapie gemacht. Außerdem würden die Betreuer behaupten, dass die Therapeuten keine wirklichen Therapeuten seien, weil keine ihrer Zusatzausbildungen anerkannt sei, das sei unsolidarisch.

Der Berater fühlte sich blockiert. Als Therapeut mussten ihn die Unterstellungen, welche die Kunsttherapeutin trafen, zumindest streifen. Er fragte nach einem Konzept. Das Team schien aufzustöhnen und ein Betreuer behauptete, Konzeptarbeit hätten sie in den vergangenen Jahren mit seinem Vorgänger bis zum

Erbrechen geleistet, er sei dafür, jetzt mit einer richtigen Supervision zu beginnen und die Fronten endlich aufzulösen.

Was, um Himmels willen, dachte der Berater, hatte sein Vorgänger hier gemacht? Er war doch ein hoch qualifizierter Mann, wie konnte es also geschehen, dass sich dieses Chaos aus seiner Konzeptarbeit ergab? Konnte er guten Gewissens sagen, dass es Unsinn sei, in dieser Jugendwohngemeinschaft Therapiestunden unter Schweigepflicht durchzuführen und auf diese Weise Therapie und Pädagogik auseinander zu dividieren? War er als Therapeut nicht auch verpflichtet, Schweigepflichten zu respektieren? Warum setzte sich die Leiterin nicht durch?

Auffällig ist hier der Gegensatz zwischen dem Wunsch des Teams, einerseits möglichst gleichzeitig von zwei hoch qualifizierten Therapeuten beraten zu werden und der krassen Konzeptlosigkeit und Inkompetenz seiner Selbstdarstellung andererseits.

Der spitzenqualifizierte Therapeut ist sozusagen das professionelle Ideal der Einrichtung. Wenn möglichst viel von ihm in möglichst vielen Gestalten in sie hineinkommt, kann sie ihre Selbstgefühlsmängel ausgleichen. Die Fantasie, zwei solcher Berater gleichzeitig zu haben, drückt darüber hinaus den Wunsch aus, die Kluft zwischen Betreuern und Therapeuten symbolisch zu schließen. Die hoch idealisierten Stellvertreter des Teams müssen bewerkstelligen, was den tatsächlichen Mitarbeitern nicht gelingt. Wenn sie daran scheitern, ist es immerhin möglich, sich selbst dadurch aufzuwerten, dass selbst »echte« Therapeuten mit der Situation nicht zurechtkommen.

Eine zweite Interpretation greift die Ähnlichkeit zwischen der Institution und den Familien auf, aus denen sozial auffällige Jugendliche kommen. Strukturlosigkeit und kannibalische Formen narzisstischer Bestätigung dominieren in den Ursprungsfamilien entwicklungsgestörter Jugendlicher. Die Institution spiegelt diese Situation. Jeder scheint jeden zu entwerten, um das eigene Selbstgefühl aufzubessern. Zusätzlich fühlt sich jede Untergruppe von der anderen entwertet: Die Pädagogen fühlen sich als Kontrolleure, Aufpasser und Schließer verkannt, die Therapeuten als egoistische, unproduktive Schmarotzer. Die Suche nach dem höchst qualifizierten Berater stellt einen Versuch dar, diesen Mangel zu beheben, ohne sich den Disziplinierungen einer starken Führung unterwerfen zu müssen.

Ein weiteres Bild für den Umgang der hier beschriebenen Institution mit den Beratern bietet die Drogenabhängigkeit, die ebenfalls ein Mittel ist, narzisstische Störungen zu kompensieren. Weil alsbald deutlich wird, dass die betäubende Droge nicht genügt, um den ersehnten Zustand herzustellen, wird nicht die Frustrationstoleranz gestärkt, sondern die Dosis gesteigert. Insofern spiegelt sich in der Wahl von zwei idealisierten Beratern die Abneigung des Teams, in der Supervision wirklich zu arbeiten und die Einrichtung zu verbessern. Der Wahlmodus setzt die kannibalischen Formen der narzisstischen Bestätigung fort, die ihrerseits nach dem Gesetz des Teufelskreises funktionieren.

Wenn ich mein Selbstgefühl als derart bedroht erlebe, dass ich es nur noch durch die Entwertung meiner Kollegen (durch die ich mich selbst aufwerte) retten kann, dann werden meine so traktierten Kollegen nicht lange zögern, um durch Gegenentwertungen – meist in der Gestalt von Vorwürfen – mein wackeliges Selbstbewusstsein weiter zu schwächen. Beispiel: »Wenn die Betreuer durch ihre Inkompetenz in therapeutischen Angelegenheiten und ihre Anmaßung, darin doch mitzureden, meine Arbeit mit Charlie nicht unterminiert hätten, hätte er nicht abgebrochen!« – »Ich wusste ja schon längst, dass wir den Charlie nicht halten können. Aber die Therapeuten hatten ja keine Ahnung, was mit ihm wirklich los war. Der hat die doch hinten und vorne abgelinkt. Aber auf uns hören die ja nicht. Die sitzen auf dem Stühlchen und lassen spielen. Wir alle könnten unsere Zeit sinnvoller verbringen als damit!«

Die Auswahl des »richtigen« Beraters kann in solchen Situationen zu einer Ersatzinstitution werden, vergleichbar der ›Playboy‹-Lektüre frustrierter Männer: Keine der abgebildeten Frauen ist wirklich zu haben, keine trägt dazu bei, den Zustand der versagten Befriedigung zu lindern. Aber zur Kompensation haben alle nicht nur einen perfekten Körper, sondern sie stellen diesen auch in aufreizenden Posen zur Verfügung. Wenn das nicht mehr genügt, kann der Konsument umblättern zur Nächsten.

Dieser Vergleich hinkt, weil es einfacher ist, den Unterschied zwischen dem Foto einer Frau und einer realen Frau festzustellen als den Unterschied zwischen dem Berater als idealisierter Ikone und dem Berater als wirksamem Helfer. Die Idealisierung des Helfers ist wertvoll, um einen Prozess einzuleiten. Nur wenn ihm zugetraut wird, dass er die Probleme handhaben kann, die mir unlösbar erscheinen, kann ich mich am Ende entschließen, diese überhaupt auf den Tisch zu legen.

In dem geschilderten Team waren Betreuer und Therapeuten derart am Rande ihres professionellen Selbstgefühls, dass sie den Berater nur so lange in Anspruch zu nehmen bereit waren, wie dieser in der Lage war, ihnen die Illusion zu vermitteln, er gebe ihnen völlig Recht und den Kollegen, von denen sie sich entwertet fühlten, völlig Unrecht. Auf dieser Basis ist aber keine Kooperation und keine Entwicklung tragfähiger Beziehungen möglich.

Im Hintergrund solcher Situationen werden Kompetenzmängel der Sozialpolitik deutlich. Führungsschwächen und wenig effizientes Arbeiten trotz oft großen persönlichen Einsatzes sind in vielen sozialen Einrichtungen nicht die auffällige Ausnahme, sondern die unauffällige Regel. In der geschilderten Situation wollten Therapeuten und Berater gute Arbeit leisten. Aber da sie sich selbst vorwiegend als persönlich agierende Beziehungshelfer definierten, konnten sie kein Bewusstsein dafür entwickeln, dass sie eine klare Struktur und eine starke Führung brauchten, wenn ihre Tätigkeit nicht dem Gesetz von Penelopes

Schleier unterworfen sein sollte (dieser wurde nie fertig, weil die Weberin nachts auftrennte, was sie tagsüber gefertigt hatte). Jede der beteiligten Professionen hatte ihr Arbeitsfeld so weit definiert, dass sie die Ergänzung durch andere Professionen als notwendiges Übel sah und die Regelung der Kooperation als Verwaltungsakt.

Sozialpolitische Entwürfe, bei denen die beteiligten Politiker ihre Kontrollaufgabe im Zusammenrühren der verschiedenen Berufsgruppen erschöpft sehen, können ihren Kurs so gut halten wie eine Jacht ohne Kapitän. Bei schönem Wetter und Rückenwind verlässt sie den Hafen. Die Verantwortlichen sind stolz, wie problemlos sie dahingleitet; Kapitäne sind teuer, die Weisheit der Konstruktion und die Arbeit der Matrosen wird die Fahrt schon ermöglichen.

Beim ersten Sturm können sich die Matrosen nicht mehr über den Kurs einigen; so holen sie die Segel ein und lassen sich treiben. Jeder Einzelne ist zu Recht davon überzeugt, dass es nicht seine Schuld ist, und der von ihnen als Kapitänsersatz gewählte Bootsmann sorgt immerhin dafür, dass die Landemanöver einigermaßen klappen, damit das Schiff nicht leck schlägt, wenn es Kohle und Lebensmittel bunkert. (Auch zerstrittene Teams schreiben einen »guten« Jahresbericht, damit ihrer Einrichtung die Mittel nicht gestrichen werden.)

Oft werden solche Verarmungen erst durch eine Analyse der Vorgeschichte einer Organisation verständlich. Die betreffende Wohngemeinschaft war von einer Initiativgruppe der Reformbewegung in der Psychiatrie gegründet worden, die sich mit Modellen wie dem der »Therapeutischen Gemeinschaft« (R.D. Laing) gegen die etablierten Institutionen abgrenzte und beispielsweise psychiatrische Diagnosen als Etikettierung und Stigmatisierung auffälligen Verhaltens ansah, die in einer wahrhaft humanen Einrichtung nichts zu suchen hätten.

Nach einigen Jahren verlangten die Geldgeber, dass die Mitarbeiter professionelle Qualifikationen vorweisen müssten. Das führte dazu, dass die von allen geschätzte und charismatisch-integrierende »zentrale Person« der Gründungsphase, eine Psychiatrie-Schwester und frühere Stationsleiterin, nicht mehr in leitender Funktion mitarbeiten konnte. Um kostendeckende Tagessätze zu erhalten, mussten ein therapeutischer Dienst eingerichtet und höher bezahlte Diplom-Psychologen eingestellt werden; dennoch konnte sich die Gruppe nicht von den früheren Idealen verabschieden. Die Therapeuten, in ihrem Stellenwert Nachfolger der verlorenen »zentralen Figur«, sollten Übermenschen sein und sowohl die neuen Professionalisierungsbedürfnisse wie auch die alten Gemeinschaftswünsche erfüllen.

Eine derartige Überschätzung mündet häufig in kannibalische Mechanismen. Der Teamsupervisor begegnete einer Spätphase dieses Kompensationsversuchs, in dem die therapeutischen Mitarbeiter für das Schlechte, das in die Gemeinschaft gekommen war, verantwortlich gemacht wurden, während von dem idealisierten Berater erwartet wurde, die narzisstischen Mangelzustände auszugleichen. Als der neue Berater diese Zusammenhänge herausgearbeitet hatte, wurde auch verständlich, dass der frühere Berater vor allem als Leiterersatz verwendet worden war. »Wenn er da war, haben wir uns in den schwierigen Fällen einigen können, aber das hat immer nur einige Tage vorgehalten.«

Nach einigen Sitzungen hatte der Supervisor den Eindruck gehabt, das Team verhalte sich wie ein Kind, das »vergessen« hat, wie man Schuhe zubindet, um die Zuwendung der Mutter zu erzwingen. Er hatte etwas erarbeitet und geklärt, aber am nächsten Tag kam ein Anruf mit der Bitte um einen Extratermin, weil neue Konflikte aufgebrochen seien. Ein Stück Gründungsgeschichte wurde dabei erzählt: Eine Sozialpädagogin habe mit dem Oberarzt der Klinik in S., von der viele Patienten zugewiesen worden seien, ein Verhältnis gehabt. In diesem Kontext seien beide auf den Gedanken gekommen, eine Wohngemeinschaft zu gründen; anschließend hätten sie den Trägerverein gesucht.

Aus dieser Ergänzung ergeben sich neue Metaphern, um die Rolle des Beraters zu präzisieren, in die ihn die Institution nach ihrem unbewussten Mythos bringen »will«. Er soll die Nachfolge des begehrten, aber nicht verfügbaren Geliebten antreten, der immer zu wenig tut und zu selten anwesend ist. Das Team verhält sich wie die illegitime Geliebte, welche versuchen muss, ihre Ansprüche mit allen Mitteln durchzusetzen. Es agiert sozusagen »narzisstisch gestört«, das heißt setzt regressive Mittel ein, um sich zur Geltung zu bringen. Diese Metapher kann auch einen weiteren Aspekt der Dynamik von Organisationen erläutern, die sich aus eher familiären Formen entwickeln.

So lange freundschaftliche Beziehungen vorherrschen, sind keine Regelungen notwendig, um Interessensgegensätze so zu bändigen, dass sie die Zusammenarbeit nicht lähmen. Ähnlich wie in Familien wird subjektiv »aus Liebe (zur Aufgabe)« gehandelt – und ähnlich wie in Familien sind die Enttäuschungen, die Ansprüche und die aus versagten Ansprüchen resultierenden Aggressionen sehr heftig, wenn diese Liebe die Organisation nicht mehr trägt, sondern zum Beispiel deutlich wird, dass für gleiches Engagement ungleiche Gehälter bezahlt werden.

Vitaminmangel in Organisationen

Lange Zeit hat die Menschheit überlebt, Städte gebaut und Kunstwerke geschaffen, ohne überhaupt zu wissen, dass es Vitamine gibt. Das »Lebenseiweiß« nahmen alle dadurch zu sich, dass sie sich normal verhielten und die Speisen aßen, die es gab; da Konservierung teuer war, fanden sich fast immer genügend frische pflanzliche und tierische Produkte darunter. Erst im Zeitalter der Entdeckungen wurden auf den monatelangen Schiffsreisen die gefürchteten Skorbuterkrankungen beschrieben.[20]

Die Metapher des Vitaminmangels liegt nahe, wenn eine leidende Institution sozusagen den Berater verzehren möchte, um sich dessen Qualitäten zuzuführen. Weshalb lebt die Institution schon so lange von Pökelfleisch und Schiffszwieback? Warum unternimmt sie keine Versuche, ihre Ernährungsgewohnheiten umzustellen, um auf diese Weise erst gar nicht in Gefahr zu kommen, einen ungesunden Appetit auf den Verzehr von Beratern zu entwickeln?

Die Metapher hilft vielleicht noch einen Schritt weiter, ehe sie uns wieder im Stich lässt: Es mag daran liegen, dass die Menschen in dieser Institution in einer ähnlichen Lage sind wie Gefängnisinsassen, Belagerte oder Matrosen, die wegen widriger Winde oder Flaute keinen Hafen erreichen. Sie kommen nicht an, sie können keinen Austausch mit ihrer Umwelt finden, aus dem ihnen frische Impulse zuwachsen, sie leben von Konserven.

Die »Nahrung« der Mitarbeiter einer Institution sind Erfolgserlebnisse, kollegiale Bestätigung, Anerkennung. Ähnlich wie gesunde junge Menschen mit guten Kraftreserven erheblich später an Skorbut leiden als bereits geschwächte Personen, kann auch der Mitarbeiter oft lange auf frische Nahrung verzichten und trotzdem funktionieren. Aber gerade diese Fähigkeit des Organismus, Mängel zu kompensieren, führt zu destruktiven Umgangsformen.

Niemandem würde es einfallen, die Matrosen nicht nur der Vitamine, sondern auch des Sauerstoffs in der Atemluft zu berauben: Wenn alle binnen weniger Minuten zu ersticken drohen, ist die Institution alarmiert und schafft Abhilfe. Aber wenn die Hälfte der Mannschaft an Skorbut stirbt, ist das ein Preis, den die berühmten Kapitäne der großen Entdeckungsreisen durchaus zu zahlen bereit waren.

Ähnlich ist es um die Bereitschaft von Mitarbeitern bestellt, einen narzisstischen Mangel in ihrer Arbeit zu ertragen. Ein wesentlicher Faktor ist hier die intermittierende Verstärkung, jenes lernpsychologische Gesetz, wonach seltene, unberechenbare Erfolgserlebnisse zu zäherem Festhalten an einem Verhaltensmuster führen als regelmäßige Erfolgserlebnisse. Wer seinem Hund jedes Mal, wenn er bettelt, ein Häppchen gibt, der kann ihm das Betteln durch Verweigerung dieses Häppchens erheblich schneller abgewöhnen als ein Hundehalter, der nur ganz selten dem bettelnden Tier etwas gegeben hat. Das bedeutet, dass Menschen Misserfolgserlebnisse erstaunlich lange ertragen, wenn sie nur zwischendurch in unregelmäßiger Folge ein Erfolgserlebnis haben.

Viele therapeutische und pflegerische Arbeitsfelder haben diese Qualität: Wer mit schwer gestörten Jugendlichen arbeitet, die in Familie, Schule, Heim, Lehrstelle und Klinik nicht Fuß fassen und sich entwickeln konnten, kann seinen gesellschaftlichen Auftrag, diese Gescheiterten zu rehabilitieren und zu resozialisieren, nur selten erfüllen.

Die Ursachen der institutionellen Mangelzustände in solchen Fällen sind also:

1. überhöhte Erwartungen (»Eigentlich müssten wir allen helfen können.«)
2. hohe Bedürftigkeit (»Eigentlich müsste es den Klienten doch nach jeder Therapiestunde besser gehen.«)
3. unüberwindliche Grenzen (»Weiter als bis BAT 3b werde ich es hier nie bringen.«)

Dadurch steigen die Ansprüche, von den Kollegen beziehungsweise den Vorgesetzten anerkannt zu werden. Wenn schon die positiven Aussichten im Beruf und die Erfolgserlebnisse so viel dürftiger sind, als es die eigenen Erwartungen vorhersagen wollten, dann müssen zumindest die Kollegen sehr viel Verständnis haben, wenn wieder etwas schief gegangen ist. Sie müssen mir entgegenkommen, wenn ich während der Weihnachts- und Neujahrsferien in Urlaub fahren will, weil ich schließlich den Wintersport mit meiner Familie unbedingt brauche, um nicht alle Motivation zu verlieren.

In solchen Situationen wird es unerträglich, wenn die Kollegen, statt in dieser Weise Verständnis für mich zu haben, nun ihrerseits von mir erwarten, dass ich es bin, der sie tröstet und für sie auf seinen Urlaub verzichtet. Vielleicht habe ich schon vorher daran gezweifelt, dass sie es mit der Arbeit wirklich so ernst und gut meinen wie ich. Jetzt vertieft sich dieser Zweifel, und immer häufiger drängen sich erlösende Vorstellungen auf, dass Misserfolge und Enttäuschungen eigentlich gar nichts mit mir zu tun haben, sondern dass die Arbeit glatt und erfolgreich laufen könnte, wenn nicht die Kollegen durch Fehler, Gleichgültigkeit und Selbstbezogenheit immer wieder die aufbauenden Wirkungen meiner Arbeit zunichte machen würden.

An dieser Stelle setzen dann die narzisstischen Mechanismen ein, die wir als kannibalisch beschrieben haben. Sie lassen sich mit dem so genannten Not-Kannibalismus der Ausgesetzten und Schiffbrüchigen vergleichen, die ihren Hunger nur noch aneinander stillen können. Der narzisstische Kannibalismus unterscheidet sich vom oralen allerdings dadurch, dass das Objekt überlebt, aber seine »nährenden« Qualitäten für mich allmählich vernichtet werden. In allen ausgeprägten Fällen schlagen sie in zehrende um.

Wenn meine Kollegin mich nicht genügend bestätigt und verwöhnt, kann ich in einer Art Autophagie anfangen, mich selbst zu verzehren, mich zu tadeln, dass ich sie nicht dazu bringe, liebevoller zu sein. Sie wird zunächst nichts gegen mich unternehmen; ich kann allerdings auch recht sicher sein, dass sie nichts mehr für mich tut; sie wird sich wie bisher vorwiegend an den eigenen Interessen orientieren.

Ich kann mich nun weiter selbst verzehren oder irgendwann, direkt oder indirekt (zum Beispiel durch Tratsch, Anschwärzen), nicht nur die ursprüngliche Frustration an sie herantragen, sondern auch die Tatsache, dass ich mich, um sie zu schützen, so lange selbst verzehrt habe. Die Reaktion wird meinen narzisstischen Mangelzustand nicht beheben, sondern vertiefen: Ich habe keine andere Kollegin, die mich bestätigen könnte, gewonnen, wohl aber den kleinen Rest, den ich von ihr bisher noch bekam, auch noch verloren. Wer anderes kann daran schuld sein als sie?

Führungsprobleme im Ehrenamt[21]

Wir stehen heute in einer Periode des Übergangs von einer durch das Leitbild der Industriearbeit geprägten Kultur zu einer postmodernen Konsum- und Freizeitorientierung. Die Sicherung der Identität durch die Berufsarbeit schwindet; die im Reformoptimismus der sechziger und siebziger Jahre konzipierte Versorgung aller Bedürftigen mit professionellen Dienstleistungen stößt an materielle Grenzen. Ehrenamtliche Arbeit ist deshalb wichtiger geworden. Die Führungskonzepte in diesem Bereich sind jedoch häufig archaisch. Riesige Reibungsverluste entstehen, wenn informelle, familienähnliche Initiativgruppen zu Arbeitgebern werden. Sie sollen jetzt Gehälter zahlen, Beförderungen aussprechen, Zeugnisse formulieren und die mit all dem verbundenen Konflikte entschärfen. Denn es gibt keine formale Struktur, die diese Fragen regeln kann. Es ist vielmehr so, als müsste jeder Fuhrunternehmer das Rad neu erfinden.

Bürgerarbeit soll die von Professionellen aus wirtschaftlichen Gründen verlassenen Felder kostengünstig betreuen. Sie soll eine schwindende Versorgung mit ausreichend finanzierten und sinnstiftenden Arbeitsplätzen kompensieren. Sie soll soziale Innovationen tragen (Stichwort »Bürgerinitiative«), die von Behörden oder behördennahen Organisationen (Kirche, öffentliche Träger) nicht mehr geleistet werden.

Seinem Selbstbild nach ist der Laienhelfer nicht so festgelegt wie der Profi. Er steckt nicht in dem Korsett der beruflichen und wirtschaftlichen Zwänge, hat viel mehr Chancen, seine spontane Hilfsbereitschaft zu erhalten und sie nicht dadurch zu überlasten und schließlich auszubrennen, dass er zu viel von seiner Tätigkeit erwartet. Ehrenamtliche sehen ihre Arbeit als Freizeitsituation, Professionelle stellen sich auf einen Arbeitsalltag ein, in dem sie als Experten Probleme lösen. »Dem Ehrenamtlichen ist die Beziehungsebene wichtig, dem Hauptamtlichen die Sachebene«, stellt Marianne Gumpinger[22] fest.

Viele Gruppen von Laienhelfern sind so strukturiert, dass um einen harten Kern, der über lange Zeit stabil bleibt, eine mehr oder weniger lockere Randschicht gelagert ist – Personen, die für kürzere oder längere Zeit aktiv sind, diese Aktivität jedoch auch wieder aufgeben, wenn sich ihre Lebenssituation ändert. Der Laie ist sich seiner eigenen Grenzen, Ängste und Schwierigkeiten wohl bewusst, schwankt aber in seinem Urteil über den professionellen Helfer zwischen Idealisierung und Entwertung. Wenn Laien und Professionelle kooperieren sollen, ist auf beiden Seiten Trauerarbeit zu leisten. Angesichts der unweigerlichen Schwächen des beruflichen Helfers fühlt sich der Laie um sein Idealbild betrogen und reagiert vorwurfsvoll.

Ein Beispiel: In einer Selbsterfahrungsgruppe aus Laienhelfern und Professionellen in der Psychiatrie spricht einer der Psychiater über seine Schwierigkeiten, fordernden und ständig unzufriedenen Patienten mit der Geduld und Freundlichkeit zu begegnen, die er eigentlich für notwendig hält. Die anwesenden Laienhelfer reagieren darauf nicht einfühlend oder stützend, sondern aggressiv. Wenn sie sich schon keine Aggressionsäußerungen gegen die von ihnen betreuten Klienten erlauben, dann dürfe er es erst recht nicht. Er werde doch dafür bezahlt, sich um die Patienten zu kümmern, es ginge nicht an, dass er nun auf einmal überfordert sein wolle.

Solche Situationen belegen, wie Idealisierungen einen offenen Austausch erschweren. Der Professionelle, der seine Schwäche offen zeigt, wird in ihr nicht akzeptiert, sondern abgelehnt und auf seine idealisierte Rolle festgelegt. So droht die Gefahr, dass jeder die Vorurteile des anderen bestätigt: der Professionelle, dass man dem Laien eine untadelige Fassade vorspielen muss; der Laie, dass die Professionellen nicht engagiert sind.

In den letzten Jahren hat sich die Qualität des sozialen Ehrenamts verändert. Neben Menschen, die nach wie vor aus Werten heraus handeln, die sie für unanfechtbar halten (zum Beispiel die biblische Offenbarung im Sinne von »geben ist seliger als nehmen«), treten andere, die zwar ebenso bereit sind, Arbeitszeit herzuschenken, es aber aus stärker individualisierten, selbstbezogenen Motiven heraus tun. Sie wünschen sich Abwechslung, wollen neben einem technischen Beruf etwas mit Menschen zu tun haben, sehnen sich aus einem als zu eng erlebten Alltag mit Haushalt und Kindern nach neuen Aufgaben. Wer heute ehrenamtliche Mitarbeiter gewinnen und Organisationen stabilisieren will, in denen diese tätig sind, der muss diesen neuen Bedürfnissen entgegenkommen. »Ehrenamtliche nur anzuwerben und sie dann mit den oft schwierigen und überfordernden Aufgaben aus Kostengründen allein zu lassen, wird immer weniger akzeptiert werden, je mehr Möglichkeiten der Unterstützung und Beratung allgemein bekannt sind.«[23]

Ehrenamtliche leisten jährlich rund 300 Millionen Arbeitsstunden, was nach den Berechnungen des Statistischen Bundesamtes volkswirtschaftlich einem Wert von etwa fünfzig Milliarden Mark entspricht. Dabei liegt Deutschland international keineswegs an der Spitze; hierzulande sind gerade achtzehn Prozent der Bevölkerung aktiv, das ist nur ein Drittel der US-amerikanischen Quote und immerhin noch neun Prozent weniger als der europäische Durchschnitt. Es scheint ein beträchtliches Potenzial zu geben: In Meinungsumfragen antworteten knapp vierzig Prozent der Befragten, sie könnten sich gut vorstellen, als Laienhelfer aktiv zu werden.

Aber diese Potenziale werden gegenwärtig noch wenig genutzt. Andererseits sind gerade in den traditionellen Arbeitsbereichen wie der Telefonseelsorge viele Laienhelfer von Aufgaben überfordert, die erheblich komplexer geworden sind. Nach dem amerikanischen Vorbild der volunteer centers haben die großen Trägervereine darauf reagiert. Die Caritas sieht sich mit einer neuen Sprachregelung auf dem Weg in die Zukunft: »Freiwilligenzentren«, inzwischen siebzehn an der Zahl, sollen zwischen den Interessenten an einer Laienhelfer-Tätigkeit und den jeweiligen Verbänden und Einrichtungen vermitteln. Vorbild für diese Initiative ist die Freiwilligen-Agentur Bremen. Nach einem Bericht von Christian Pietscher haben die Leiter dieser Agenturen allerdings nicht selten den Verdacht, dass gemeinnützige Vereine, die bei ihnen anfragen, kostenlose Hilfsarbeiter suchen oder gar bezahlte Kräfte einsparen wollen. Im Saarland wurde eine Landesarbeitsgemeinschaft »Pro Ehrenamt« gegründet, in der Kirchen, Sportvereine, soziale und kulturelle Einrichtungen, Parteien und Gewerkschaften vertreten sind. Auch das Bundesministerium für Familie, Senioren, Frauen und Jugend unterstützt entsprechende Aktivitäten.

Unter dem Gesichtspunkt der Organisationsanalyse lassen sich drei Felder unterscheiden:

1. Reine Laienhelfergruppen, die keine Professionalisierung anstreben und sich auch selbst verwalten. Hier werden Berater oder Organisationsentwickler kaum jemals konsultiert.

2. Initiativen von Laien und/oder Professionellen, die in Freizeitarbeit etwas aufbauen, das später eine professionelle Struktur gewinnen und in bezahlte Arbeitsverhältnisse überführt werden soll. Hier werden Supervisoren und/oder Organisationsentwickler meistens dann einbezogen, wenn es nach diesem Übergang zu Problemen kommt.

3. Gemischte Gruppen aus Ehrenamtlichen und Professionellen, in denen die bezahlten Mitarbeiter die Ehrenamtlichen betreuen und auch kontrollieren. Hier ist Supervision oft ein »Service« an die Ehrenamtlichen (zum Beispiel erhalten die Mitarbeiter der Telefonseelsorge vielfach kein Honorar, aber die Träger bezahlen die monatliche Supervision).

Die Schwerbehinderte in der Behinderteneinrichtung

In einem Heim, das einem Internat für gehörlose und schwerhörige Gymnasiasten angeschlossen ist, arbeitet seit vielen Jahren eine erheblich hörbehinderte Frau als pädagogische Hilfskraft. Seit die Gruppenleiterin, ihre Vorgesetzte, gewechselt hat, kommt der Heimleiter nicht mehr zur Ruhe. Ständig ruft ihn der Ehemann seiner Angestellten an, der sich als »Sprachrohr« der Behinderten deklariert. Diese kann nicht telefonieren und es ist nicht klar, wie viel sie durch Lippenlesen versteht.

Die neue Gruppenleiterin, so behauptet das »Sprachrohr«, würde seine Frau mobben, würde undeutlich sprechen oder auf schriftlichen Kommunikationen beharren, die für seine Frau oft kaum verständlich seien.

Auf der anderen Seite berichtet die Gruppenleiterin, die Jugendlichen seien oft sehr unzufrieden mit der schwerhörigen Betreuerin, sie würden alle wichtigen Dinge aufschieben, um sie mit der nächsten Schicht zu besprechen. Manche der Jugendlichen würden weit mehr verstehen als die Betreuerin. Sie habe den Eindruck, dass sie mit diesen besonders viele Schwierigkeiten habe. Wenn sie die schwerhörige Mitarbeiterin zur Rede stelle, sei ihre einzige Antwort, früher hätte es diese Probleme nicht gegeben, sie hätte keinerlei Probleme mit den Jugendlichen, und die alte Gruppenleiterin sei immer zufrieden gewesen.

Der Heimleiter befindet sich in einem Dilemma. Gehörlose und Schwerhörige zu fördern, ist die zentrale Aufgabe seines Heims. Eine Mitarbeiterin deshalb zu kritisieren, weil sie schwerhörig ist, erscheint ihm als Sakrileg. Gleichzeitig ist er aber auch daran interessiert, dass die Reibungsverluste in der Arbeit verringert werden, und fürchtet, dass die Gruppenleiterin, die bei den Kindern sehr beliebt ist, kündigen wird, wenn er sie nicht entlastet. Eine Abmahnung an die schwerhörige Betreuerin wird auf diese Weise undenkbar.

Die Behinderung des Leiters durch den zentralen Mythos seiner Einrichtung erklärt freilich noch nicht, weshalb die bisher weit gehend unproblematische Tätigkeit der schwerhörigen Pädagogin zu entgleisen droht. In solchen Situationen ist die Fragestellung hilfreich: Was hat dazu geführt, dass die Mitarbeiterin in narzisstische Not geraten ist? Ein möglicher Aspekt wäre das Alter – mit 45 regenerieren die Kräfte nicht mehr so schnell, fällt die Einstellung auf die jährlich neu hinzukommenden Kinder schwerer. Aber damit ist noch nicht viel erklärt; andere Mitarbeiter können diese Einbußen durch Erfahrung und Ökonomisierung ihrer Kräfte gut ausgleichen. Vielleicht hat die betroffene Mitarbeiterin schon lange dicht an der Grenze der Überforderung gearbeitet und ihre Reserven erschöpft?

Auch Einflüsse aus dem Privatleben sind zu bedenken. Es ist eine Binsenweisheit, dass Mitarbeiter belastbarer sind, die nach Feierabend in eine erholsame Familienatmosphäre eintauchen und allen Stress abschütteln können. In ihrerseits belasteten Familien gelingt diese Regeneration nicht. Der Arbeitsstress wird in die Familie importiert, um ein Argument gegen Forderungen der Partner, der Kinder zu haben.

In dem geschilderten Fall belastete die Beziehung der Mitarbeiterin zu ihrem Ehemann ihre Tätigkeit. Der Partner war selbst arbeitslos. Er fühlte sich ungerecht behandelt und projizierte sein eigenes Leiden in seine Frau, stachelte sie an, sich nichts gefallen zu lassen, und redete ständig davon, sie werde gemobbt.

Ich will den Aspekt der Entmachtung von Führung durch das Tabu einer Institution hier noch etwas verfolgen. Eine erste Parallele betrifft die Führungsrolle des Therapeuten in einem analytischen Prozess. Freud hat 1913 in seinem Aufsatz »Zur Einleitung der Behandlung« gesagt, welche Gefahren durch solche Tabus entstehen: »Es ist sehr merkwürdig, dass die ganze Aufgabe unlösbar wird, sowie man die Reserve an einer einzigen Stelle gestattet hat. Aber man bedenke, wenn bei uns ein Asylrecht, zum Beispiel für einen einzigen Platz in der Stadt, bestände, wie lange es brauchen würde, bis alles Gesindel der Stadt auf diesem einen Platze zusammenträfe.«[24]

Der einst Alkoholabhängige oder Drogensüchtige als Therapeut in einer Drogentherapieeinrichtung, die schwerhörige Erzieherin von Hörbehinderten, die an einer Anorexie leidende Psychologin in einem Sozialpsychiatrischen Dienst setzen ein Maß an differenziertem Rollenverständnis bei ihren Vorgesetzten voraus, das diese oft nicht leisten können. Wer die unbewusste Grandiosität seiner Helfermotivation nicht erkannt und kritisch oder humorvoll gebrochen hat, wird den ideologischen Widerspruch nicht lösen können, dass er in der Institution etwas tut, das den Mythen dieser Institution scheinbar widerspricht.

Oft wird in dieser Situation auch ein externer Berater hinzugebeten. Dieser tut gut daran, die Szene gründlich zu untersuchen, ehe er sich mit Ratschlägen einmischt, denn die Dynamiken des pharisäischen und kannibalischen Narzissmus können ihn blitzschnell treffen. Dann wird er geopfert, weil sich die Institution darin selbst bestätigen kann, dass sie seine unmenschlichen, kalten, an einer primitiven Funktionstüchtigkeit orientierten Empfehlungen voll Schauder zur Kenntnis nimmt, um ihn dann zu entwerten und vor die Tür zu setzen. Damit ist zwar keine Veränderung erreicht, aber das Selbstgefühl der Beteiligten für kurze Zeit gesteigert.

Im anderen, im Kontext von »Machiavelli und das Helfersyndrom« beschriebenen Fall wird der Berater zunächst in eine stellvertretende Führungsposition gebracht – er muss das Unbequeme, Undenkbare, das Zorn und Verachtung weckt, ausführen, es sich zumindest in die Schuhe schieben lassen. Erst dann wird er entwertet und entlassen. Damit hat die Institution das anstehende Problem gelöst, ohne ihre Tabus zu reflektieren.

Aspekte des »Laien« und des »Professionellen« in der Führung

Häufig werden Beratung und/oder Supervision von einer Organisation beansprucht, sobald die bisherige Führung in Frage steht. In Initiativgruppen ist dieser Zeitpunkt meist mit dem einer ersten Konsolidierung identisch. Zum Beispiel: Die vier Studentinnen der Sozialpädagogik, die ein Projekt mit Kunsttherapie für Senioren initiiert haben und zunächst unter persönlichen Opfern und ohne Fördermittel arbeiteten, erhalten eine Finanzhilfe aus einem städtischen Fonds. Die Vergabe ist an die Einrichtung eines formellen Trägervereins mit einer ersten Vorsitzenden gekoppelt. Während bisher die Entscheidungen nach einem unformalisierten Konsensmodell getroffen wurden, entzünden sich an der Frage, wer die formelle Leitung übernehmen wird und wie die auf eine Stelle und die Raummiete beschränkten Fördermittel genutzt werden sollen, unerwartet heftige Auseinandersetzungen, welche die Gruppe zu sprengen drohen.

Ähnliche Konflikte treten in einer Laienhelfergruppe, die bisher ehrenamtliche Eingliederungshilfe für Strafentlassene geleistet hat, zu dem Zeitpunkt auf, an dem der große, konfessionelle Trägerverband endlich eine Halbtagsstelle für eine Geschäftsführerin finanziert. Allen Mitgliedern ist zwar klar, dass nur Frau A. diese Stelle bekommen kann. Sie sucht Arbeit, sie ist bei allen behördlichen Ansprechpartnern bestens bekannt. Doch das bisher von Freundschaft und Anerkennung bestimmte Verhältnis der übrigen Laienhelfer zu Frau A. gerät in eine Krise, weil die Mitglieder der Gruppe wollen, dass Frau A. neben ihrer bezahlten Arbeit nach wie vor im gleichen Umfang wie die Gruppenmitglieder ehrenamtlich arbeitet, während Frau A. davon ausgeht, dass sie in Zukunft für ihr Engagement ein Gehalt bekommt.

Diese Krise nimmt sich in der hier beschriebenen Zusammenfassung banal aus. Aber wer den Stil der Auseinandersetzung in kirchlich geprägten Organisationen kennt, wird nachvollziehen können, dass es in der Organisationsentwicklung viel Zeit und Geduld braucht, ehe unter den Vermummungen von Rücksichtnahme, Harmoniebedürfnis und ängstlicher Vermeidung offener Wunschäußerungen (»ich lasse mir von niemandem hier Egoismus vorwerfen«) die Konfliktdynamik deutlich wird und Absprachen über die bezahlten und die nach wie vor ehrenamtlich geleisteten Arbeitsbereiche der Geschäftsführerin getroffen werden können.

Institutionsanalytisches Wissen kann eine große Hilfe sein, um die jeweiligen Mythen einer Organisation zu erkennen und mit ihnen umzugehen. Zu forsches Vorgehen des Organisationsentwicklers verprellt die Laienhelfer und führt dazu, dass sie sich unter Ausreden zurückziehen. Während der OE-Berater in der Wirtschaft damit rechnen kann, dass die Klienten ihre Bedürfnislage offen diskutieren und relativ rasch unterschiedliche Interessen herausgearbeitet werden können, muss er in der Laienhelfer-Szene erst einmal herausfinden, um welche Ziele es den Beteiligten geht, welche Gratifikationen sie offen suchen und welche eher im Hintergrund eine Rolle spielen.

Wenn zum Beispiel dem Leiter einer Telefonseelsorge[25] von den Ehrenamtlichen vorgeworfen wird, er sei »nie da«, dann könnte das heißen, dass er diese Aufgabe nicht ernst nimmt. In dem Fall, an den ich hier denke, war das aber keineswegs so. Der Leiter war sehr engagiert, bemühte sich ständig um Qualitätssicherung, organisierte Fortbildungen und arbeitete auf ehrenamtlicher Basis in wichtigen Gremien. Aber er war auch eine sehr disziplinierte, asketische, eher depressiv strukturierte Persönlichkeit und wurde an einem Vorgänger gemessen, dessen Stärken Trinkfestigkeit und Jovialität waren. Dieser Leiter konnte sich einigen Laienhelfern nicht vermitteln. Sie waren überzeugt, seine Qualitätsbemühungen und seine Gremienarbeit hätten gar nichts mit ihnen zu tun, seien allein »sein Hobby«.

In einer Gruppe von freiwilligen Helferinnen – »Frauen helfen Frauen« – muss die bisherige Leiterin ausscheiden. Sie will ihren erkrankten Vater pflegen. Sie ist von allen anerkannt, hat sich um alles gekümmert, mit allen sanft geredet und sich schließlich, wenn es hart auf hart ging, auch mit aller Klarheit durchgesetzt. Jetzt hat sie ihre Aufgaben an die zwei anderen Frauen des dreiköpfigen Vorstands abgetreten und eine dritte als neu zu wählende Nachfolgerin vorgeschlagen.

Unter den rund zehn Frauen, die für ein Vorstandsamt in Frage kommen, stellt sich bald heraus, dass nur jene eine Mehrheit in den informellen Vorgesprächen haben, die jeden Gedanken weit von sich wiesen, Leitungsaufgaben zu übernehmen. In der Gruppe wollen nur jene die Macht, denen man sie nicht geben mag, während alle jene, die man gerne an der Macht gesehen hätte, die Macht nicht haben wollen.

Es handelte sich um eine Organisation im Übergang vom familiären Konsensmodell zur demokratischen Regelung. Die der verlorenen Leiterin zugeschriebene Fähigkeit, Harmonie zu sichern und zu verhindern, dass sich ein Gruppenmitglied durch eine Abstimmungsniederlage frustriert fühlte, hatte dazu geführt, dass es keine Kultur gab, Enttäuschungen zu verarbeiten.

Die Gruppe hatte sich der Trauer um den unwiederbringlichen Verlust der zentralen Person nicht gestellt. Sie versuchte, diesen zu verleugnen, und richtete die damit verknüpfte Wut und Entwertung gegen alle Personen, die versuchten, den leeren Platz zu besetzen und dadurch die Einsicht unabweisbar zu machen, dass der Verlust stattgefunden hatte.

Die Gruppe möchte so nahtlos vom Besitz der idealisierten Leiterin zu einem ebenso idealisierten Ersatz vorstoßen, dass sie es gar nicht zulassen kann, ein wenig in Schwäche und Verwirrung zu sinken. Unter diesem Riesenanspruch verzagen die sachorientierten und sensiblen Gruppenmitglieder, die gute Leiterinnen abgeben würden, während die ehrgeizigen und unsensiblen sich zwar bewerben, aber bekämpft werden. Noch fehlt der äußere Druck, der die Gruppe dazu zwingt, sich entweder aufzulösen oder die Macht in »schlechte« Hände zu geben.

Die Kreativität von Gruppen ist ernstlich behindert, wenn sie sich nicht eingestehen können, dass etwas verloren ist, sondern durch manische Anstrengung sofort für einen Ersatz sorgen wollen. Schmerz und Trauer sind notwendige Übergangsstadien, um aus ihnen den Mut zu schöpfen, dass etwas Neues aufgebaut werden darf.

In ihrem Bericht über die Supervision in einem Prostituiertenprojekt hat Andrea Multhaupt-Meckel die Probleme der Kooperation zwischen Sozialarbeiterinnen und Aussteigerinnen – die einen auf ABM-Basis arbeitend, die anderen nach einem AsS-Modell (»Arbeit statt Sozialhilfe«) – anschaulich beschrieben. Zum Vorgespräch haben sich alle Aussteigerinnen krank gemeldet; in der ersten Sitzung wird die Beraterin von einer der »ausgestiegenen« Prostituierten mit dem Vorwurf empfangen, sie sehe aus wie die Sozialarbeiterin, die sie als Jugendliche ins Heim gebracht habe. Die Geschäftsleiterin, die im Hintergrund die Fäden zieht und die Initiative aufgebaut hat, kann nicht in die Supervision eingebunden werden.

Die Beraterin bleibt eine ohnmächtige Ersatzleiterin. Sie fürchtet, ihre professionelle Distanz zu verlieren, und verpasst ihrer Widersacherin Gänsefüßchen: »Wie nie zuvor in meiner beraterischen Tätigkeit war ich empört über die Bedingungen dieses Arbeitsplatzes, über das Verhalten dieser ›Führungskraft‹. Berichtete Vorfälle überschritten die Grenzen der Legalität. Ich wurde zur Mitstreiterin für Recht und Gerechtigkeit.«[26] Die Geschäftsführerin ist zu den Supervisionsterminen krank oder hat wichtigere Aufgaben. Gerade deshalb aber scheint die Supervision sich um die Launen und Manöver der Geschäftsführerin, den von ihr ausgeübten Druck und ihren Rückzug zu zentrieren. Es gelingt nicht, mit dem Team aus professionellen Helferinnen und Ex-Prostituierten über die Dämonisierung der Geschäftsführung hinauszukommen. Schließlich steigt die Beraterin aus, die befristeten Arbeitsverhältnisse der ABM-Kräfte werden nicht verlängert, und von den ausgestiegenen Prostituierten hört man, dass die meisten wieder in diesem Beruf arbeiten. Hart am Rand einer Fehlleistung ist die Bemerkung, in Frauenprojekten gehe es um »den Kampf gegen weibliche Unterdrückung.«[27]

Solche ungeschminkten Berichte sind ebenso wertvoll wie selten. Sie zeigen, dass Beraterinnen oft dort eingesetzt werden, wo der Beratungswunsch einen ungelösten Konflikt in der Organisation ausdrückt. Nur ausnahmsweise kann es dann gelingen, diesen Konflikt zu bearbeiten; in den meisten Fällen wird die Beratung gemäß seiner Dynamik funktionalisiert.

Die Zukunft der Arbeit

In den Industriegesellschaften wächst die Ungleichheit zwischen den hoch qualifizierten, gut verdienenden Schichten und den Arbeitslosen oder den »modernen Taglöhnern«, die sozial ungesichert oft in Mehrfachjobs billig arbeiten. Die Europäer klagen über ihre hohen Soziallasten; die Amerikaner, die das »Jobwunder« feiern, zahlen für ihr Gefängnissystem nicht weniger als die Deutschen für ihr soziales Netz. Der traditionellen Ökonomie gehen die Lösungsmodelle aus. In dem neuen Bericht des Club of Rome konzipieren Orio Giarini und Patrick Liedtke eine Vollbeschäftigung durch »gemeinnützige« Tätigkeit für jene, welche in der Industrie keine Arbeit mehr finden und sich nicht selbstständig machen wollen oder können. Wer gesund ist und nichts tut, hat auch keinen Anspruch auf Sozialhilfe mehr; wer gut die Hälfte der Woche für die öffentlichen Belange tätig ist, bezieht ein Mindestgehalt.

Woran sich die Geister scheiden, ist der Zwang. Der Sartre-Schüler André Gorz plädiert für ein Grundeinkommen ohne Gegenleistung; der Münchner Soziologe Ulrich Beck für eine »Tätigkeitsgesellschaft«, in der Gemeinwohlunternehmer Menschen gezielt auch in den Bereichen einsetzen, die bisher durch Ehrenamtliche abgedeckt wurden: Bildung, Kulturpflege, Betreuung von Kindern, Strafgefangenen, Sterbenden, Alten, Obdachlosen oder Asylbewerbern. So sollen die Städte wohnlicher werden, die Kultur bunter. Beck wünscht sich hier mehr Freiwilligkeit und staatliche Anreize: Die freiwilligen Leistungen werden nicht entlohnt, sondern belohnt; Qualifikationen und Rentenansprüche werden anerkannt; nur wer keine anderen Einkünfte hat, erhält ein Bürgergeld aus den Sozialhilfekassen.

So würde Arbeitslosigkeit viel von ihrem Schrecken verlieren; allerdings setzt die Verwirklichung solcher Programme viel Umdenken voraus. In einem Interview hat der Münchner Soziologe Gerd Mutz, einer der Fürsprecher der »Tätigkeitsgesellschaft«, sich gegen das Vorurteil gewehrt, er wolle Erwerbsarbeit durch Bürgerarbeit ersetzen. Beide Felder sollen sich parallel entwickeln; Phasen der Erwerbsarbeit sollen mit Weiterbildungszeiten und Phasen eines Engagements abwechseln, das jetzt nicht mehr »ehrenamtlich«, sondern »bürgerschaftlich« heißt, weil es aus staatlichen oder privaten Quellen finanziert wird.

Untersuchungen haben gezeigt, dass Arbeitslose ihre Situation sehr viel besser bewältigen und auch leichter wieder eine Stelle finden, wenn sie sich in einer Initiativgruppe engagieren. Gegenwärtig ist die Situation allerdings noch so, dass Arbeitslose weniger ehrenamtlich engagiert sind als Berufstätige. Vermutlich liegt das an der narzisstischen Kränkung durch die Arbeitslosigkeit, die im sozialen Engagement bewusster verarbeitet werden muss als im sozialen Rückzug.

Angesichts der enormen sozialen Dynamik der Arbeitslosigkeit und der künftigen Auseinandersetzungen über die »Zukunft der Arbeit« kommen auf Beraterinnen und Berater, die an Organisationsentwicklung interessiert sind, große Aufgaben zu. Die bisherigen Erfahrungen des Autors, der selbst in einigen Initiativgruppen mitgearbeitet hat, sprechen dafür, dass solche Berater sich auf den Umgang mit den (oft verleugneten) narzisstischen Kränkungen und den Rückzugsneigungen in der Freiwilligenarbeit gar nicht gründlich genug vorbereiten können. Sowohl in den Freiwilligenzentren, den Börsen für Laienhelfer und den Einrichtungen, die sich eventuell aus dem Aufbau der »Tätigkeitsgesellschaft« entwickeln werden, ist die Entwicklung konfliktfähiger Teams und einer modernen Führungskultur unerlässlich.

Illusionen der Loyalität,
Gefahren der Dankbarkeit

Die Sekretärin eines Abteilungsleiters, Sigrid G., macht eine Zusatzausbildung zur Organisationsentwicklerin. Ihr Chef, der ihre Loyalität schätzt und sich für solche Neuerungen interessiert, fördert sie und gründet mit ihr und für sie ein eigenes Sachgebiet in dem Unternehmen mit ungefähr 8000 Angestellten. Es gibt dort noch andere Mitarbeiterinnen, die sich als Berater und Fortbilder qualifiziert haben; Sigrid G. nimmt Kontakt zu ihnen auf und verschafft schließlich zweien von ihnen, Beate V. und Marlene P., Stellen in dem neu gegründeten Sachgebiet unter ihrer Leitung. Doch sie will den anderen keine Hierarchie zumuten und sucht ihre Sympathie zu gewinnen; die drei Frauen verhalten sich wie Schwestern, duzen sich, besprechen alle Fragen im Team.

Sigrid kann bei weitem am besten mit Vorgesetzten umgehen und ihre Interventionen so planen, dass sie im Unternehmen ankommen. Aber sie ist eine soziale Aufsteigerin, während ihre Mitarbeiterinnen Bürgerstöchter sind. Sigrid macht sich über Feminismus wenig Gedanken, sie sieht ihre Karriere pragmatisch und nicht ideologisch. Ihre Mitarbeiterinnen hingegen fühlen sich schnell zurückgesetzt und klagen dann über die Männerherrschaft. Sigrid hält das für Energieverschwendung. Sie ist solide verheiratet, ihr Mann bewundert seine Frau, deren Karriere er nicht ganz versteht.

Beate ist eine attraktive, dynamische Frau, die Menschen begeistern kann und immer wieder mit originellen Ideen auffällt. Manchmal reißt sie Sigrid mit, und die beiden ziehen dann in schrillen Klamotten durch die Kneipen oder veranstalten ein

Kabarett auf einer Betriebsfeier. Aber Beate hat auch große Schwierigkeiten, Kränkungen zu verarbeiten und sachlich zu bleiben, wenn sie nicht bewundert wird. Sie reagiert dann aggressiv und hat dadurch ihrer Karriere so geschadet, dass sie sich schon seit längerem in einer Sackgasse gefühlt und oft von Kündigung gesprochen hat, als Sigrid sie mit dem Angebot erlöste, in dem neuen Sachgebiet mitzuarbeiten.

Beate hat sich von der Beraterausbildung Strategien versprochen, ihre Ansprüche an andere geschickter durchzusetzen. Es ist ein wenig wie in der Geschichte vom frommen Rabbi und dem ungläubigen Versicherungsvertreter: Zu dem Kranken gerufen, soll der Rabbi ihn bekehren. Aber der Geschäftsmann bleibt ein Heide; nur der Rabbi geht versichert fort. Hilfen bei narzisstischen Störungen haben nicht selten dieses Schicksal: Der gute Rat dämmt nicht die Störung ein, sondern die Störung nutzt die erhaltenen Ratschläge als Waffen in eigenen Diensten.

Auf Beate angewendet, lässt sich dieses Problem so umschreiben: Weil sie Probleme hatte, sich in eine Organisation einzufügen, bildete sie sich zur Organisationsentwicklerin fort. Aber ihre Probleme mit der Organisation ließen sich dadurch nicht lösen, sondern sie wurden nur komplizierter: War Beate vorher durch schlichten Dünkel angeeckt, so eckte sie nun durch den studierten, besserwisserischen Dünkel einer Beraterin an, die weiß, wovon sie redet und wem ein Konflikt zuzuschreiben ist.

Der Honigmond in der Zusammenarbeit von Sigrid und Beate hängt mit Beates Kränkungen durch einen Ehemann zusammen, der sie erst durch ein Kind an die Kette legen will und später so spießig ist, sich wegen Beates Seitensprüngen scheiden zu lassen. Sigrid stützt die Freundin nach Kräften, aber sie erkennt auch, wie vernichtend Beate werden kann, wenn sie sich gekränkt fühlt.

Marlene kommt als Beraterin schlechter an als die einfühlende, kluge Sigrid und die dynamische Beate, die für Klienten durchs Feuer geht, wenn sie von ihnen nur genügend bewundert wird. Marlene arbeitet schon lange in der Firma, sie wird wenig angefragt, obwohl sie die meisten Zusatzqualifikationen hat und ständig neue Bildungsurlaube beantragt. Wenn die anderen vorsichtig nachfragen, warum Marlene so wenig Termine vereinbare, und auf ihre eigene Überlastung verweisen, weicht Marlene aus; nur indirekt erfahren Beate und Sigrid, dass Marlene immer wieder Klienten wegschickt, weil ihr diese zu primitiv sind. Zur Rede gestellt, hüllt Marlene sich in Schweigen. Sie beantragt jetzt häufiger auch psychosomatische Kuren und klagt in den Teamsitzungen viel über ihre Beschwerden sowie über die mangelnde Fähigkeit der Firma, den Wert ihrer Arbeit zu erkennen. Sie behauptet, sie sei mit der Auswertung ihrer Projekte vollauf beschäftigt.

Beate klagt darüber lautstark bei Sigrid. Sigrid stimmt vorsichtig zu, verteidigt Marlene auch gelegentlich. Sie scheut sich, Marlene zu kritisieren oder gar sie abzumahnen, dass sie eine Mindestzahl von Beratungen durchführen müsse. Auch Beate kritisiert Marlene nie von Angesicht zu Angesicht.

Der Abteilungsleiter, der Sigrid immer gefördert hat, wird ins Ausland versetzt. Er rät ihr im Abschiedsgespräch, sich für eine anspruchsvolle interne Weiterbildung zu bewerben, die eigentlich nur dem Führungskader vorbehalten ist; wer sie abschließt, kommt automatisch in eine höhere Gehaltsklasse.

Als Sigrid über diesen Vorschlag mit ihren »Teamschwestern« redet, sind diese gar nicht begeistert: »Ich denke gar nicht daran, mehr zu arbeiten, wenn du solchen Hobbys nachgehst«, sagt Marlene, und Beate, von der sich Sigrid ein klärendes, verteidigendes Wort erwartet hat – Beate schweigt.

Sigrid beschließt, die Weiterbildung trotz der fehlenden Unterstützung ihrer Teamkolleginnen zu machen. Sie muss darin mit Juristen, Kaufleuten und Ingenieuren mithalten, alle möglichen Einzelheiten zu Verwaltung, Management und Personalentwicklung im Kopf haben und schließlich eine mündliche und schriftliche Prüfung machen. Sie ist damit und mit ihrer Beratungsarbeit so beschäftigt, dass sie verleugnen kann, wie sehr sich in kleinen Schritten die Beziehungen zu Beate und Marlene verändert haben.

Von dem früheren Vorstandsmitglied unterstützt, war das neu eingerichtete Sachgebiet viel angefragt worden. Der neue Vorstand hatte längst nicht so viel Interesse. Manchmal schien er die Arbeit von Sigrid und ihren Kolleginnen für eine Marotte seines Vorgängers zu halten, obwohl er von dem Respekt beeindruckt war, den Sigrid überall genoss. Zudem war das Unternehmen in eine schwierige finanzielle Situation geraten. Alle Anträge, höher gruppiert zu werden, wurden auf Eis gelegt – nur Sigrids Beförderung blieb, da vor diesem Zeitpunkt abgemacht, beschlossene Sache.

Sigrid hatte die Prüfung sehr gefürchtet und war überglücklich, als sie sie bestanden hatte und ihr bei einer kleinen Feier die Urkunde ausgehändigt wurde. Ihren Kolleginnen im Team hatte sie schon länger nichts mehr von ihrem Stress und ihren Hoffnungen erzählt, weil diese meistens wenig Interesse zeigten und manchmal mehr oder weniger verblümt sagten, sie habe sich die Suppe selbst eingebrockt und müsse jetzt wissen, wie sie sie auslöffle.

Dennoch war sie sehr zuversichtlich, dass die Kolleginnen sich nun freuen würden. Sie hatte schließlich nie die Chefin herausgekehrt, sie hatte sich immer für alle eingesetzt, hatte gegenüber Angriffen von außen gegen Beates Launen oder Marlenes abweisende, besserwisserische Haltung eisern hinter ihren Mitarbeiterinnen gestanden, auch wenn es sie manchmal ein wenig juckte, dann auch ihre eigene Kritik an den anderen vorzubringen.

So war sie überrascht und sehr betroffen, als ihre Freundinnen und Kolleginnen sich nicht nur nicht freuten, sondern sie abfahren ließen. Darin waren sich die zwei, die sich sonst so oft bei Sigrid übereinander beschwert hatten, jetzt auf einmal einig. Sie sähen keinen Grund zum Feiern. Sie hätten lange genug darunter gelitten, dass Sigrids Interessen komplett vom Sachgebiet abgezogen gewesen seien und sie die Gegenwehr gegen die Abwertung des Sachgebiets in der Organisation verschlafen habe. Es sei ihre Schuld, dass sich das Ansehen des Sachgebiets verschlechtert habe, sie habe nur an sich gedacht. Sie würden jetzt nicht mehr mitmachen, wenn es darum gehe, als Schemel für ihre Karriere zu dienen und geduldig mit anzusehen, wie sie sich die interessanten Aufträge an Land ziehe und den ekelhaften Rest ihnen überlasse.

Sigrid musste alle ihre Kräfte zusammenraffen, um nicht sofort in Tränen auszubrechen, so verwundete sie der Gegensatz zwischen ihrer Fantasie, mit den zwei Freundinnen wie in alten Zeiten ihren Erfolg zu feiern, und dieser bitteren Realität. Die Entwertungen hörten nicht auf, als sie nach einem durchweinten Wochenende versuchte, in einer Teamsitzung ihren Standpunkt zu vertreten und zu begründen, warum es nur die Wahl zwischen *keiner* Fortbildung für das Sachgebiet und *ihrer* Fortbildung gegeben habe und dass sie sehr wohl ein Konzept habe, wie man das Sachgebiet der veränderten Unternehmenssituation anpassen könne. Doch alles, worauf sie so stolz war – den kollegialen Stil, das Vertrauen im Team – wird ihr als Führungsschwäche und als Verleugnung ihrer Machtinteressen ausgelegt.

Sigrid beantragt zum ersten Mal in ihrem Leben eine Kur. Beate blamiert sich bis auf die Knochen, weil sie einen ganzen Kurs als Zeugen dafür benennt, dass ein Mitglied der Gruppe sie sexuell belästigt habe (»Er hat mich mit Blicken ausgezogen, hat immer in meinen Ausschnitt gestiert, das haben alle gesehen!«). Sie hat den Teilnehmer beim zuständigen Vorstandsmitglied und beim Betriebsrat angezeigt. Aber die Zeugen haben zum Teil nichts bemerkt und zum Teil wahrgenommen, dass Beate mit dem betreffenden Mann (einem sehr attraktiven und in seiner Abteilung unentbehrlichen Spezialisten) geflirtet hat. Marlene reicht Altersteilzeit ein.

Das Sachgebiet soll mit einem anderen zusammengelegt werden; Sigrid bekommt das Angebot, die neue Abteilung zu leiten.

Primitive Dankbarkeit

Im psychologisch fassbaren Hintergrund solcher Konflikte spielen Fantasien von Dankbarkeit eine wichtige Rolle. Sigrid war überzeugt, ihre »Schwestern« müssten ihr dankbar sein, weil sie ihnen doch so viele Wege geebnet, sie immer unterstützt, nie die Chefin herausgekehrt hatte. Die Mitarbeiterinnen sahen das ganz anders, aber weder ihnen noch Sigrid war bisher dieser Unterschied in seiner ganzen Tiefe und Härte aufgefallen. Hatten sie nicht die ganze Zeit eigenverantwortlich und selbstständig gearbeitet, inhaltlich im Grunde nichts anderes als Sigrid gemacht? Wenn jemand dankbar sein müsste, dann doch die Nenn-Chefin. Sie schuldete ihnen etwas, weil sie schließlich als Leiterin schon immer besser bezahlt worden war!

Als Sigrid die Fortbildung ergatterte und so ihre Karrierechancen weiter verbesserte, stieg die Spannung. Sigrid glaubte, diesen Schritt für alle zu tun, mehr Prestige für das Sachgebiet zu holen, interessantere Aufträge für alle zu gewinnen. Sie wollte Verständnis und Unterstützung, denn es war ihr klar, dass sie hier aufs Äußerste gefordert war, dass aber andererseits keine der Kolleginnen auch nur die geringste Chance gehabt hätte, ein solches Angebot zu bekommen.

Die Instabilität der Dankesschuld

Was in einer Illusion von geschuldetem Dank übersehen wird, ist die komplexe Motivation des Verpflichteten. Wenn dieser den

161

Eindruck hat, er habe seinen Dank schon längst abgestattet, oder wenn er sich von dem Menschen gekränkt fühlt, dem er verpflichtet sein soll, schwindet seine Dankbarkeit. Und umgekehrt werden kränkende Erlebnisse und eigene Einschränkungen zitiert und psychologisch aufgepumpt, um sich einer drückenden Dankesschuld zu entziehen.

In entwickelten Gesellschaften mit ihren ausgearbeiteten Regeln des Tauschs gilt es als unfein, jemanden an seine Verpflichtung zum Dank zu erinnern. Anders in Kulturen, die ihren Pioniergeist pflegen – unfreundlicher gesagt: ihre Primitivität und ihre Nähe zur Stammeskultur und zum Feudalsystem.

Eine Standardszene in amerikanischen Filmen: Der in Not geratene Held sucht einen alten Kumpel auf, von dem er Hilfe braucht, die den anderen allerdings teuer zu stehen kommen kann. »Wenn ich das für dich mache, kann es mich den Job kosten!« Aber der Held hat eine Antwort. Er erinnert den anderen an eine Verpflichtung zur Dankbarkeit. »Ich habe dir auch schon einen Gefallen getan. Du schuldest mir was!« – »O. k., aber das ist jetzt das letzte Mal!«

Noch eindrucksvoller wird die Szene, wenn es um Leben und Tod geht und der Held seinem Kumpel früher einmal, in Korea oder in Vietnam, das Leben gerettet hat. Die Dankbarkeit steigert sich zur Todesbereitschaft, um die alte Schuld abzutragen.

Solche Vorstellungen von Dankbarkeit hängen mit dem primitiven Narzissmus zusammen, in dem die Grenzen zwischen Personen verschwimmen und unterschiedliche Egoismen nicht wahrgenommen werden können. Häufig wird der Egoismus undifferenziert entwertet beziehungsweise der reife Egoismus des »ich gebe, um zu erhalten« nicht von dem primitiven Egoismus unterschieden. Indem ich in mir die Fantasie pflege, viel für einen anderen getan zu haben, konstruiere ich seine enorme Verpflichtung. Die Ausbrüche narzisstischer Wut bis hin zum Amoklauf hängen mit solchen Fantasien zusammen. Der primitive

Narzissmus funktioniert symbiotisch, er kennt keine deutliche Grenze zwischen dem Ich und dem Du, sondern durchtränkt das Du mit dem Ich, verwandelt es so in ein Selbstobjekt, eine Provinz der eigenen narzisstischen Größe, die ganz genau so sein muss, wie ich sie mir vorstelle.

Im Symbiosekomplex sammeln sich jene Fantasien, in denen spontan die Psyche eines anderen Menschen als Fortsetzung der eigenen erlebt wird – seine Stärke ist meine Stärke, was ich ihm tue, wird er mir tun. Dabei sehe ich meine Handlung von innen, etikettiere sie als altruistisch und erwarte nun eine vergleichbare Form des Altruismus von meinem »Freund«.

Was aus solchen Freundschaften werden kann, daran erinnern uns einige Sprichwörter: »Feind – Erzfeind – Parteifreund!« oder »Gott schütze mich vor meinen Freunden; vor meinen Feinden will ich mich selber hüten!«

In Wahrheit ist es nie garantiert, dass mein eigener »Gefallen« von meinem Gegenüber als altruistisch erkannt und gewürdigt wird. Zu den Anekdoten, die uns helfen, den Symbiosekomplex zu erkennen, gehört auch jene von dem Ehepaar, das viele Jahre lang überzeugt war, gefällig zu sein, indem jede zerschnittene Frühstückssemmel wortlos so aufgeteilt wurde, dass der Mann die Unterseite nahm und die Frau die Oberseite erhielt. In Wahrheit bevorzugte der Mann die Oberseite – er wollte aber freundlich sein, war überzeugt, seine Frau bevorzuge ebenfalls diese, und spendete sie in dem Gefühl, den eigenen Altruismus zu beweisen. Die Frau aß lieber die Unterseite, projizierte ihre Vorliebe ebenfalls in den Partner und nahm ihm seinen Egoismus nicht übel – Männer waren eben so. So hatte jeder das, was er nicht wollte, und parallel dazu die Überzeugung, der Partner schulde ihm Dankbarkeit für eine altruistische Tat.

Ähnlich lassen sich auch sexuelle Aktionen beschreiben: Jede/r denkt, dass der/die andere den Sexualakt will und die Liebe gebietet, ihn/sie ausführlich zu befriedigen, während im Grunde jede/r lieber seine Ruhe haben möchte. Auch so wird eine Dankesschuld angesammelt, deren fiktive Qualitäten sich erst bei der Einlösung zeigen.

Die Analyse der Dankbarkeitsgefühle zwischen Eltern und Kindern, zwischen Lehrern und Schülern, zwischen Geschwistern zeigt die große seelische Bedeutung solcher Erwartungen ebenso wie den Schmerz, wenn sie versagt bleiben. Eine realistische Perspektive legt nahe, Erwartungen nicht auf die Vergangenheit, sondern auf die Gegenwart und die Zukunft zu gründen. Der Appell an verjährte und möglicherweise imaginäre Dankesschuld belastet eine Beziehung. Je mehr sich Dank mit Austausch verknüpfen lässt, desto wahrscheinlicher ist es, dass Erwartung und Erfüllung einander entsprechen. Auf der anderen Seite ist beispielsweise die Klage, dass alle Menschen mich ausnützen, ein Indiz dafür, dass ich über die mangelnde Bereitschaft meiner Freunde enttäuscht bin, sich von mir ausnützen zu lassen.

Wenn ich nicht daran glaube, dass mein Partner sich ebenso korrekt verhält wie ich, ist der Austausch extrem erschwert. In Thrillern ist eine Szene beliebt, in der zwei Gauner tauschen wollen, zum Beispiel Geld gegen Droge. Da jede Seite fürchtet, dass ein ehrliches Angebot nicht erwidert wird, zieht man in den Handel wie in einen Krieg. Oft gibt es in solchen Filmen statt des Tauschs eine Schießerei. Der bessere Räuber verschwindet mit Geld und Stoff, während der schlechtere blutend auf der Strecke bleibt. Der kritische Zuschauer mag nicht glauben, dass sich das in der Realität jemals so abspielt, weil niemand sich auf einen Tausch einlässt, über den er gar keine Sicherheit hat und bei dem er alles verlieren kann.

Die Fantasie der Dankbarkeit hilft uns, primitive Formen des Egoismus zu reiferen umzuformen. Die Menschheit wäre ausgestorben, wenn Eltern nicht dazu fähig wären, illusionäre Erwartungen daran zu knüpfen, wie ihre Kinder ihnen dafür danken werden, dass sie sie in die Welt gesetzt haben. Das Paradox der glückenden Eltern-Kind-Beziehung liegt in der erwarteten Enttäuschung dieser Erwartung und in ihrer überraschenden Erfüllung zugleich. Wenn Eltern lernen können, sich über die Andersartigkeit ihrer Kinder zu freuen und liebevoll zu verfolgen, wie diese wohl versorgt und unbekümmert ins Leben gehen, werden sie sich wundern, wie dankbar diese Kinder später sein können. Wer hingegen Undankbarkeit anklagt (»Vergiss nie, dass ich dich unter Schmerzen geboren habe!«), muss sich nicht wundern, wenn er sie auch findet.

Die Dankesschuld ist die gefährlichste Komponente in der Dankbarkeit. Schuldgefühle engen die seelische Bewegungsfreiheit ein. Und auf alle Versuche, sie zu knebeln, antwortet die Psyche mit Aggression. Einsichtige Eltern werden zugestehen, dass sie ihre Kinder nicht uneigennützig in die Welt gesetzt haben. Einsichtige Kinder werden, sobald sie sprechen, denken und vergleichen können (also von jenem Alter an, das Analytiker das ödipale nennen), ihre Eltern mit anderen Eltern vergleichen und aus diesem Vergleich ableiten, ob sie froh und dankbar über ihre Eltern sein wollen oder ob sie lieber andere Eltern hätten, die Eltern also im Grunde sich bei dem Kind dafür entschuldigen müssten, dass sie es sind, mit denen es sich abfinden muss.

Mit wenigen tiefen Gefühlen wird so oft gemogelt wie mit der Dankbarkeit. Es gibt viele Gründe, schwanger zu werden, rationale wie affektive, es hat mit Sex zu tun, mit Liebe, mit Zufall. Wer schwanger ist und eine Abtreibung scheut, kommt um eine Geburt nicht herum. Muss das Kind dankbar sein? »Ich habe dir das Leben geschenkt!« So lässt sich der Fortpflanzungsvorgang beschreiben, aber nur ein naives Gemüt wird gläubig lauschen und sich nicht beispielsweise fragen, ob wir unserem Magen dankbar sind, dass er uns den Appetit schenkt.

Machiavelli hat auch über die Illusionen der Dankbarkeit einige Gedanken geäußert, die Führungskräfte wie Sigrid G. vor Niederlagen wie der beschriebenen schützen würden. Er warnt den Fürsten davor, auf die Dankbarkeit seiner Untertanen zu setzen und zu glauben, er könnte diese an sich binden, wenn er ihnen zu Beginn seiner Herrschaft möglichst viel von seiner Macht und seinen Reichtümern überlässt. Denn dann werden sich die Untertanen mehr wünschen und – wenn sie es nicht erhalten, weil es nichts mehr zu verteilen gibt – den Fürsten als Geizhals und Knauser entwerten.

Demgegenüber wird der kluge Fürst seinen Untertanen, sobald er die Macht dazu hat, möglichst viel wegnehmen. Dadurch gewinnt er die Möglichkeit, es ihnen nach dem Maß ihrer Verdienste zurückzuerstatten. Auf diese Weise wird er als gütiger und großzügiger Herrscher in Erinnerung bleiben.

Das Becket-Phänomen

Während in der ersten Fallschilderung die Illusionen der Dankbarkeit durch den unterschätzten Egoismus der Mitarbeiterinnen einer nachsichtigen und liebesbedürftigen Leiterin durchkreuzt wurden, geht es in der Situation des Becket-Phänomens um eine Unterschätzung der Macht des Narzissmus über den Egoismus.

Thomas Becket (1118–1170) war ein Kaufmannssohn normannischer Herkunft und ein sehr fähiger Beamter am Hof des englischen Königs Heinrich II., mit dem Herrscher sogar persönlich befreundet. Um die Kontrolle des Königshofs über die Autorität der römischen Kirche zu sichern, beschloss Heinrich, seinen Kanzler zum Erzbischof von Canterbury zu ernennen. Dieser warnte den König vergeblich davor, ihn in den Dienst einer höheren Macht zu zwingen.

Zum Bischof geweiht, legte Becket sein Kanzleramt nieder und vertrat die Interessen der Kirche so energisch, wie er bisher die Interessen des Hofes vertreten hatte. 1164 musste er deshalb nach Frankreich fliehen, kehrte aber wieder zurück, nachdem sich Heinrich mit ihm ausgesöhnt hatte. Die Auseinandersetzungen gingen trotzdem weiter; Becket exkommunizierte königstreue Bischöfe und wurde schließlich von vier Adeligen auf den Stufen des Altars der Kathedrale von Canterbury erschlagen. Sie hatten einen Zornesausbruch des Königs angeblich als Auftrag zu dieser Tat verstanden. Der König leugnete einen solchen Befehl und tat Buße am Grab des Ermordeten, der zwei Jahre nach seinem Tod heilig gesprochen und in vielen Legenden verklärt wurde.

Diese Geschichte ist exemplarisch für die Illusion, dass jemand, dem ich ein hohes Amt zuschanze, in der Ausübung seiner Aufgabe berücksichtigen wird, wem er dieses Amt verdankt. Hier straft die Realität das Wunschdenken. Die Situation zeigt, wie wenig wir letztlich »erwachsen« sein können.

Wir konzipieren Beziehungen fast immer so, wie wir sie uns wünschen, und leugnen die Tatsache, dass andere Personen ihre von uns gänzlich unabhängigen Entscheidungen treffen. Wir weigern uns, sie so fremd zu denken, wie sie in der Tat sind. In unserem Konzept, wie sich eine andere Person verhalten wird, leugnen wir, dass die Gefühle, welche wir ihr entgegenbringen, nur eine geringe Rolle spielen, verglichen mit ihren eigenen Bedürfnissen; wir verkennen, dass die Gegenwart wichtiger ist als die Vergangenheit; wir wollen nicht wahrhaben, dass sich andere Menschen verändern, wenn wir dieselben geblieben sind, und dass sie dieselben bleiben, wenn wir uns verändern.

Ein Narr gibt mehr, als er hat.
Sprichwort

An den Grenzen des Selbstgefühls

Ruhig und souverän zu reagieren, wenn ich mich verletzt und entwertet fühle, ist leichter gefordert als geleistet. Wird dieser Anspruch zu starr, richtet er mehr Schaden als Nutzen an: Er verhindert es, die zweite Chance zu nutzen, die oft fast ebenso gut ist wie die erste, in den meisten Fällen aber erheblich besser als Resignation. Dazu zwei Beispiele, das eine aus einer Therapie, das andere aus dem Coaching einer Pflegedirektorin.

Blockierte Sehnsucht nach Souveränität

Die Patientin – nennen wir sie Irene S. – ist eine tüchtige und energische Frau, die an einer schweren Depression erkrankte, als sie feststellen musste, dass ihr Ehemann sich mehrere Jahre heimlich mit einer Verkäuferin in dem von beiden gern besuchten Antiquitätenladen getroffen hatte. Die Frau ist verheiratet, Irenes Mann streitet ab, dass es jemals zu einer intimen Beziehung gekommen sei, sie solle sich nicht derart aufregen, das Ganze sei völlig harmlos, um des lieben Friedens willen sei er sogar bereit, auf weitere Treffen mit seiner platonischen Freundin zu verzichten.

Die Patientin leidet sehr unter dieser Situation: Bald wirft sie sich vor, dem Mann sein unschuldiges Vergnügen genommen zu haben, bald, dass sie sich nicht sofort von ihm getrennt hat. Jede kleine Verspätung und Abwesenheit des Mannes deutet sie als erneutes, heimliches Treffen und ist gleichzeitig empört über ihr Misstrauen. Sie macht ihm wütende Vorwürfe und findet sich dann eine Megäre, kein Wunder, dass er die immer freundliche, charmante Verkäuferin ihr vorzieht. Diese grüßt sie nach wie vor herzlich, während die Patientin fast ohnmächtig wird, wenn sie ihrer ansichtig wird, kein Wort herausbringt und flieht. Sie würde sich gerne mit der Rivalin aussprechen, vielleicht könnte sie dann auch wieder Vertrauen zu ihrem Mann finden, aber sie kann das nicht, sie brächte kein Wort heraus.

Hier wird deutlich, wie sehr das Streben nach Souveränität die Entwicklung der Patientin blockiert und ihre Handlungsmöglichkeiten einschränkt. Sie will sich auf gar keinen Fall so schwach zeigen, wie sie sich fühlt, und verliert dadurch die Chance, sich aus der blockierenden Situation zu befreien und sich weiterzuentwickeln. Es lässt sich relativ schnell ermitteln, dass es die massive Wut der Patientin ist, welche sie so blockiert. An sich ist diese Blockade auch positiv zu sehen – eine Alternative wäre nämlich körperliche Gewalt gegen die Rivalin. Die Patientin fürchtet sich vor dem Eifersuchtswahn, den sie in sich wachsen fühlt: Gewänne er die Oberhand, würde sie mit einer Waffe auf die Feindin losgehen und, indem sie deren Leben auslöschte, auch die kränkende Situation auslöschen. Denn das ist doch das Schlimmste an der Eifersucht: dass sie die Fantasie enthält, Liebe und Vertrauen seien für immer zerstört, die Verletzung nicht rückgängig zu machen.

Aber die Gefahr der Gewalttätigkeit sehe ich bei dieser Patientin nicht. Sie pflegt solche Wutanfälle moralisch zu kanalisieren, sie als Vorwurf gegen Dritte, als Entwertung gegen sich selbst zu richten. Und sie fürchtet sich, die Fassung zu verlieren, zu weinen, zu zeigen, wie viel es ihr ausmacht, der Rivalin auch noch in diesem Punkt der Selbstkontrolle einen Vorsprung einzuräumen, so dass am Ende bewiesen ist, was sie durch ihre Zurückhaltung in der Schwebe halten kann: Die Rivalin ist rundum liebenswerter als sie.

Die Analyse ergab, dass die Beziehung zu dieser (realen? imaginären?) Geliebten ihres Partners einen Kindheitskonflikt wiederbelebte: Die Mutter der Patientin war in ihren Schwager verliebt gewesen und hatte dessen Tochter immer der eigenen Tochter vorgezogen. Als in der Nachkriegszeit der Schwager gefallen war und die Schwester der Mutter in deren Haushalt zog, empfing die Mutter ihre Nichte vor dem Kleiderschrank der Tochter und sagte: »Such dir aus, was dir gefällt!« – »Sie hat mich nicht einmal gefragt, ob ich einverstanden bin«, sagte die Patientin, immer noch zutiefst empört.

Angesichts der autodestruktiven Blockade, in die meine Patientin durch ihre Sehnsucht nach Souveränität und Gelassenheit geraten war, fragte ich sie, weshalb sie der Rivalin nicht wenigstens einen Brief schreibe, um vielleicht doch etwas an der Situation aufzuklären. Sie reagierte sehr erleichtert auf diesen Vorschlag, und ich versuchte nun zu klären, weshalb sie selbst nicht darauf gekommen war.

Es zeigte sich die charakteristische Mischung von dem Wunsch nach Realitätsfindung und Realitätsvermeidung, die wir fast immer bei Selbstgefühlsstörungen finden: Wenn ich die Realität kläre, kann ich mich zwar besser in ihr orientieren, aber ich büße unter Umständen eine Illusion ein, die mir unverzichtbar erscheint, obwohl sie mich blockiert. Die Illusion der Patientin war, dass es die Geliebte des Mannes gar nicht wirklich gab – weshalb sie immer fast ohnmächtig wurde, sobald sie diese sah. Wenn es sie nicht gab, dann war das alles auch nicht passiert, ihr Mann hatte sie nie betrogen, alles war gut.

Diese Illusion war unbewusst, bemerkbar machte sich nur die Bedrohung, falls die Illusion zerstört wurde, und die Vermeidung, die sich dem vernünftigen Streben in den Weg stellte, die Realität der Beziehung zwischen dem Ehemann und der Rivalin zu klären. Der Mann, der abwechselnd sagte, es sei »nichts« oder »nichts Sexuelles« gewesen, bestärkte diese Illusion, verhinderte aber auch das gemeinsame Wachstum an der Realität.

Der Vorschlag, einen Brief zu schreiben, wirkt manipulativ und passt scheinbar nicht in den Rahmen einer psychoanalytischen Behandlung. Ich teile diesen Einwand nicht. Immer dann, wenn es um Vermeidungen geht, richtet sich die korrekte analytische Intervention gegen diese Vermeidung; Veränderungen, die in einer Analyse erreicht werden, hängen eng damit zusammen, wie dieses Mittel eingesetzt wird, das man als eine Variante des Durcharbeitens der Widerstände auf einer Handlungsebene sehen kann.

Oft ist es in solchen Fällen der zentrale Inhalt einer Therapie, dem Patienten zu verwehren, sich etwas von der Therapie zu erhoffen. Das gilt vor allem dann, wenn ihm diese Hoffnung erlauben würde, in seinem Alltag passiv zu bleiben. Irene S. erwartet von mir, dass ich ihr helfe, nicht ständig zwischen den quälenden Gedanken hin- und herzuschwanken, ob sie sich von ihrem Mann trennen oder bei ihm bleiben soll; sie kann weder seine Untreue und ihre Eifersucht länger ertragen noch ihn aufgeben. Sie will, dass ich ihr helfe, eine Entscheidung zu treffen.

Stattdessen stelle ich mich diesem Wunsch in den Weg und fordere sie immer wieder mit unterschiedlichen Metaphern und Argumenten auf, sich von ihrem Mann unabhängiger zu machen und Dinge zu finden, die sie mehr beschäftigen als die fruchtlose Qual dieser Frage. Mir scheint, dass ihre narzisstischen Reserven weder ausreichen, ihm seine Untreue zu verzeihen, noch, sich von ihm zu trennen.

Er muss entwertet und in der Entwertung festgehalten werden, um als letzte, kannibalische Stütze für das geschwächte Selbstgefühl zu dienen, das auf diesem Weg sich selbst verzehrt und sich nicht kräftigen kann (denn mit der Entwertung des Mannes entwertet Irene auch sich selbst und wird nach ihrer im Entwerten gewonnenen Überlegenheit süchtig). Sie behauptet, jetzt zu kraftlos zu sein und erst dann etwas tun zu können, wenn sie wieder mehr Kraft habe; ich halte dagegen, dass gerade dieses Warten sie kraftlos macht und sie im Tun dessen, was ihr gegenwärtig unmöglich erscheint, Kräfte gewinnen wird.

Der Ausgang? Irene ist noch mit ihrem Partner zusammen, sie kann jetzt wieder sehen, dass er aufrichtig an ihr interessiert ist, sie ist nicht mehr so blockiert, um mit ihm nicht über ihre Eifersucht zu sprechen. Den Brief an die Rivalin hat sie nicht geschrieben, das wäre ihr zu peinlich gewesen.

Gekränkte Aktion

Eine Pflegedirektorin berichtet, sie sei »menschlich zutiefst enttäuscht« von einer ihrer Abteilungsleiterinnen. Sie hatte diese vor zwei Jahren während einer Umstrukturierung dazu ernannt. Vorher hatte es keine Abteilungsebene in der Pflege gegeben. Die Stationsschwestern waren der Oberin direkt unterstellt gewesen. Jetzt hatte diese von ihr so geförderte Frau eigenmächtig den Beginn der Kernzeit vorverlegt, von acht auf halb acht Uhr, obwohl doch alle Leitungen an einem Organisationsentwicklungsprojekt teilnahmen und abgesprochen war, die Arbeitszeiten erst zu verändern, wenn die Erprobungsphase ausgewertet worden sei.

Sie habe keineswegs etwas gegen diese inhaltliche Veränderung, sie könne sogar ihren Sinn erkennen. Aber die Mitarbeiterin habe sie einfach übergangen. Sie habe es nur durch einen Zufall erfahren, weil ihre Sekretärin einen Anruf weiterleiten wollte und die Auskunft erhielt, die betreffende Mitarbeiterin sei schon nach Hause gegangen und dürfe das auch, weil sie schließlich früher angefangen habe zu arbeiten. Sofort habe sie die beteiligten Stationsleiterinnen zu sich gerufen und sie zur Rede gestellt. Diese behaupteten, sie hätten damit nichts zu tun, das Ganze sei eine Entscheidung der Abteilungsleiterin, die gegenwärtig in Urlaub sei. Sie habe daraufhin sofort den Beschluss rückgängig gemacht und am nächsten Morgen an der Pforte ab sieben Uhr kontrolliert, ob ihr Widerruf der Anordnung ihrer Abteilungsleiterin auch respektiert würde.

Dieses gekränkte und kränkende Agieren hatte nicht nur den kleinen Nachteil, dass die Direktorin an diesem Tag eine Stunde früher aufstehen musste. Es fiel ihr leicht, sie konnte ohnehin nicht mehr schlafen, so sehr wurmte sie es, von ihrer Mitarbeiterin übergangen worden zu sein. Es verschlechterte auch die bisher gute Beziehung zur Abteilungsleiterin nachhaltig. Als sie diese nach ihrem Urlaub zur Rede stellte, behauptete die Abteilungsleiterin, sie habe gedacht, es liege in ihrer Entscheidungskompetenz, Anfragen ihrer Mitarbeiter in diesem Punkt zu berücksichtigen. Anschließend ließ sie schweigend die Vorhaltungen der Chefin über sich ergehen und bemerkte schließlich spitz: »Haben Sie mir sonst noch etwas zu sagen?«

Frank Duwe, der die Organisationskultur des Krankenhauses beschrieben hat, schildert den hierarchischen Führungsstil, wenn Managementaufgaben von Ärzten und Schwestern nebenbei erledigt werden sollen und davon ausgegangen wird, der helfende Beruf an und für sich qualifiziere zur Menschenführung. Die Idealisierung des eigenen Helfens führt dazu, dass Kritik grundsätzlich als Entwertung bekämpft wird, so dass, wie es Duwe formuliert, »die Chance, an einer hierarchischen Barriere zu scheitern, jedermann zu jeder Zeit offen steht«.[28]

Duwes erste entsprechende Erfahrung war, dass er auf eine unschuldige, aber kritische Frage als Zivildienstleistender angeschrien und mit disziplinarischen Folgen bedroht worden war. Die Neigung, Autoritätskonflikte sofort maximal eskalieren zu lassen und das auch noch als »richtigen Ton« im Operationssaal darzustellen, ist schließlich bereits aus der Lektüre von Ferdinand Sauerbruchs Autobiografie bekannt. Hinter dem Chirurgen steht Gott, und da Gott unsichtbar bleibt, ist der Chirurg sein Stellvertreter auf Erden.

In diesem Sinne hat die Direktorin durchaus konsequent reagiert. Das Problem liegt eher darin, dass sie sich nicht gut damit fühlt, sondern »menschlich enttäuscht«, wobei sie aber gegenüber der Frage, ob sie nicht auch von ihrer eigenen Reaktion enttäuscht sei, immun bleibt: Sie habe so reagieren müssen, das sei ihre Pflicht, und sie habe auch selbst kontrollieren müssen, ob ihre Anordnung respektiert werde, das wolle sie niemand anderem aufladen. Diese schnelle und ihre Abteilungsleiterin gegenkränkende Reaktion sei notwendig und richtig gewesen, man dürfe in solchen Fällen nicht abwarten, dürfe keine Schwäche zeigen.

Sie hätte den Vorfall natürlich auch auf die Tagesordnung der Konferenz setzen können, welche die Umsetzung der Maßnahmen zur Organisationsentwicklung behandelte, und dort die Frage stellen, wie man es künftig mit der Zuständigkeit für solche Fragen und der Information aller Beteiligten halten wolle. Dann wäre die Abteilungsleiterin eingebunden worden und nicht düpiert.

In dem vergeblichen Bemühen, eine solche Lösung der Direktorin nahe zu bringen, die doch gutwillig und an einer Entwicklung ihres Führungsstils interessiert war, zeigten sich die Grenzen, die durch eine akute Kränkung gesetzt werden. Sie motiviert den Gekränkten, alles zu tun, um die Störung möglichst schnell zu eliminieren; dass so aus einem kleinen Problem eine Katastrophe werden kann, wird vergessen.

In narzisstisch nur wenig belastbaren Systemen – von gegenseitiger Entwertung bedrohten Partnerschaften beispielsweise oder politischen Gruppierungen mit einer Vorgeschichte wechselseitiger Traumatisierungen – gibt es gar keine kleinen Probleme, sondern tendenziell nur Katastrophen. Die beiden geschilderten Beispiele gehören in solche Systeme.

Machiavelli legt uns nahe, auf die Frage, von wem wir am ehesten verraten und enttäuscht werden, zu antworten: von unseren Liebsten, von denen, die wir am meisten zu Dankbarkeit und Loyalität verpflichtet haben. Die Helferideale wollen das für ganz unmöglich halten. Die Balance beider gibt vielleicht ein Bild, das uns auf die zynischen Qualitäten der Realität vorbereitet, ohne unseren Blick auf sie einzuengen.

Regressive Entprofessionalisierungen

Die zentrale Illusion der Moderne ist die Fortschrittsidee. Sie sieht die Menschheit als Ganzes ebenso wie einzelne Personen in einer steten Aufwärtsentwicklung. Leistungsfähigkeit, Übersicht, Durchsetzungskraft, Effektivität einer Organisation wachsen dementsprechend stetig. Das ist nicht nur der Mythos von Jahresberichten, sondern auch die Maxime der Individuen.

Nüchtern betrachtet, müssen in der Untersuchung professioneller Leistungen komplexe Mischungen aus Gewinn und Verlust, aus Kompetenzsteigerungen und Kompetenzeinbußen betrachtet werden. Wir haben schon festgestellt, dass Berater in Organisationen geholt werden, wenn die bisherige Führung in eine Krise geraten ist. Diese Krise wird oft plakativ als »Führungsschwäche« beschrieben. Im Folgenden werden zwei Ansätze dargestellt, welche diesen allgemeinen Eindruck differenzieren.

Die Krise entsteht durch regressive Entprofessionalisierungen, die sich auf verschiedenen Hierarchieebenen nach einem Schneeballsystem steigern können. Die gegen sie mobilisierten Mittel des Beraters zielen auf eine reflexive Professionalisierung, das heißt auf Einsicht in die aktuelle Dynamik Struktur erhaltender und Struktur auflösender Faktoren hin. Diese Dynamik kann in der Initialszene einer Beratung besonders deutlich werden; ein zweites Beispiel konzentriert sich auf Probleme, die durch den Mythos entstehen, der eine Organisation – in diesem Fall ein Kinderdorf – geprägt hat.

Der Anfang einer Beziehung liefert in vielen Fällen unersetzliches Material, um Entwicklungen einzuschätzen und das Kräftefeld zu beurteilen, in dem sich ein Experte bewegt. Beobachtungen in lang dauernden sozialen Interventionen belegen oft, dass zu Beginn – in einer Situation, in der eine wechselseitige »Einstellung« der Beteiligten aufeinander noch nicht möglich war – Erscheinungen auftauchen, die sich später nicht mehr wiederholen und deren Informationsgehalt verloren geht, wenn sie nicht beachtet werden. Es sind Details, die auf den ersten Blick belanglos wirken; man ist versucht, sie als Zufall oder Ungeschick abzutun, während sie in Wahrheit das Unbewusste symbolisieren und Zugangsmöglichkeiten zu verborgenen Schätzen erschließen.

Es gibt literarische Themen, die diese Magie der Initialszene spiegeln, die Geschichte von Parzival etwa, der wegen einer einfachen Frage, die er bei seiner ersten Begegnung mit den Gralsrittern nicht stellt, viele Jahre umherirren muss, ehe er eine zweite Möglichkeit findet. Ein anderes Bild ist die Schatzkiste, die nur zu einer ganz bestimmten Zeit sichtbar wird und wieder in den Tiefen der Erde versinkt, wenn dem Schatzsucher das Zauberwort nicht einfällt.

In einem heiteren Roman habe ich einmal eine Szene gefunden, in der ein junger, schüchterner Mann der Frau, in die er sich soeben verliebt hat, einen Blumengruß schicken möchte. Zugleich hat seine Großtante Geburtstag. Er geht also in ein Blumengeschäft und sucht Passendes aus: für die Großtante einen Strauß schlichter Moosröschen, für die Angebetete kostbare Orchideen. In der Aufregung verwechselt er die Adressen, so dass seine alte Tante die prächtigen Exoten erhält, die Frau seiner Träume aber die Altweiberblumen. Weil es ein heiterer Roman ist und schüchterne Männer in dieser Art von Literatur Glückspilze sind, ist die mondäne Angebetete über die Moosröschen so entzückt, dass sie sich in den Spender verliebt – wie wunderbar einfühlend, sie hasst Orchideen, die ihr jedermann schenkt und die sie gleich in den Müll wirft. Die alte Tante hinwiederum ist so begeistert von den Orchideen, die auf einen von allen anderen längst vergessenen Kern von Femme fatale in ihr anspielen, dass sie flugs dem jungen Neffen einen Teil ihres beträchtlichen Erbes vermacht.

Initialszenen sind von ähnlichen »Zufällen« bestimmt. In ihnen ist alles offen, es gibt keinen Grund, Vorurteile zurückzustellen oder naive Übertragungen zu reflektieren. Ich bin in meiner eigenen Berufsbiografie diesen Qualitäten zuerst in einer Szene begegnet, in der eine anspruchsvolle Künstlerin einen Therapeuten suchte und mehrere Vorgespräche führte, eines davon mit mir. Ich war noch unerfahren und rechnete mir keine großen Chancen aus, aber sie entschied sich dann doch für eine Behandlung bei mir. Ich war ein wenig stolz, meine Kompetenz im Erstgespräch derart überzeugend dargelegt zu haben. Erst viel später, als sie Vertrauen gefasst hatte, erklärte sie mir, was sie zu dieser Entscheidung veranlasst hatte: Von den drei Analytikern sei ich (nicht dass ich dächte dick, aber doch) der Wohlgenährteste gewesen, jemand, von dem sie den Eindruck gehabt habe, dass er sich etwas gönne und der deshalb auch bereit sein werde, ihr etwas abzugeben. Es war nun verständlich, dass das Bild, gegen dessen Übertragung sie gekämpft hatte, ihre bleiche und magere Mutter war, die eine unglückliche Ehe führte und früh an Krebs starb. Und mir wurde klar, wie wenig meine analytische Kompetenz mit der Entscheidung der Analysandin zu tun hatte.

Der erste Eindruck und die
Schönheitskonkurrenz der Berater

Neue Eindrücke nehmen wir vorsichtig mit einer Pinzette zur
Hand, deren zwei Arme sich mit Sprüchen verdeutlichen lassen:
»Öfter mal was Neues!« und »Was der Bauer nicht kennt, frisst
er nicht!« Das bedeutet, dass der Helfer in der Initialszene auf
Ablehnung stoßen kann, weil er zu fremd oder weil er zu ver-
traut ist – und umgekehrt aus beiden Gründen auf Akzeptanz.

Einer meiner Freunde, ein berufspolitisch sehr engagierter
Krankenpfleger, trat gerade seine neue Stelle als Pflegedirektor
einer großen Klinik an. Wir sprachen über Supervision, und ich
schlug ihm einen von mir geschätzten Kollegen vor, den ich aus
einer institutionsanalytischen Gruppe kannte und der ebenfalls
von Grundberuf Krankenpfleger war. Mein Gesprächspartner
lehnte lächelnd ab, er habe den ganzen Tag mit Pflegekräften zu
tun, so jemanden könne er nicht auch noch in seiner Supervision
gebrauchen.

Wenn mich jemand nach dem »richtigen« Therapeuten für
eine Psychoanalyse fragt, gebe ich ihm nicht die Adressen von
Kollegen, sondern empfehle ihm, aufgrund des Verzeichnisses
der ausgebildeten Kollegen drei Vorgespräche zu führen und bei
der Frau oder dem Mann zu bleiben, von der oder dem er den
überzeugendsten Eindruck gewinnt. Das ist unfreundlicher als
die persönliche Vermittlung, aber es erspart nicht nur mir Zeit,
sondern auch dem Anfragenden die Selbstüberschätzung, die
darin liegt, aufgrund von Vermutungen von außen eine komplexe Interaktion in ihrem Verlauf vorab zu beurteilen.

Der Aufwand für die Suche nach dem »richtigen« Helfer und
die Dauer der beanspruchten Hilfe sollten in einem vernünftigen
Verhältnis stehen. Wenn ein Team, um einen Berater zu finden,
dessen Kontrakt auf fünfzehn Sitzungen bemessen ist, fünf Sitzungen für die Auswahl des »richtigen« Beraters aufwendet,
dann lässt sich schon aus diesem Vorgehen ableiten, dass entwe-

der heftige Konflikte zwischen unterschiedlichen Parteien herrschen oder keine realistischen Vorstellungen über den Sinn von
Supervision. Wenn angehende Berater über die deprimierende
Situation solcher »Schönheitskonkurrenzen« berichten, gibt es
zwei Empfehlungen:

1. Nur bei sehr hohen Grundhonoraren kann sich ein Berater
   leisten, kostenlos für ausführliche Vorgespräche anzureisen.
   Im sozialen Bereich sind telefonische Vorabklärungen ge-
   bührenfrei, Auftritte nicht.
2. Wenn der Berater für das Vorgespräch bezahlt wird, gewinnt
   er einen festen Rahmen gegenüber der Institution und kann in
   diesem auch an einem Klärungsprozess arbeiten, dessen Gegenstand das Auswahlverfahren ist. Was drückt es aus? Wie
   kann es genützt werden, um zu kooperieren? Was spricht für,
   was gegen eine Kooperation?

Wer unbezahlt anreist, will unbedingt den Auftrag haben,
sonst hat er einen Verlust gemacht. Wer seine Zeit gegen ein Honorar der Anfragenden tauscht, kann professionell abklären, ob
sie/er die/der Richtige für die offenen (und womöglich auch
noch die verdeckten) Aufträge ist. Ich bin hier immer für ein of-
fensives Vorgehen, das anstehende Konfrontationen keinesfalls
aufschiebt. Der Berater, der vor seinem Vertrag Kreide frisst, wird
unter falschen Voraussetzungen ins Zimmer gelassen. Wenn
eine Organisation mich haben will, soll sie nicht eine defensive
Maskierung einkaufen. Sie muss eine Chance haben, mich abzu-
lehnen, sonst kann sie mich auch nicht akzeptieren.

Verordnete Beratung

Geradezu rührend, aber auch sprechend für die Ratlosigkeit
mancher Organisationen gegenüber Supervisionsangeboten ist
folgende Szene. Der Berater wird von der Oberin eingeladen, die
aufgrund ihrer Zeitschriftenlektüre Supervision einführen will,

es aber für unnötig gehalten hat, ihre Mitarbeiterinnen davon zu überzeugen.

Daher sind zu dem vereinbarten Termin nur drei Schwestern im Sitzungsraum. Die Oberin ist pünktlich vorbeigekommen, um nachzusehen, ob alles gut klappt. Jetzt entdeckt sie den Mangel an Interessenten für die Supervision und eilt durch die Gänge, um jede nicht mit allerdringlichsten Aufgaben beschäftigte Schwester einzufangen und zur Teilnahme zu befehlen.

Es lässt sich voraussehen, dass die Supervision in dieser Einrichtung mit Klagen über den autoritären Führungsstil der Oberin beginnen, später ausbluten und an Teilnehmermangel eingehen wird, wenn der Berater das Desinteresse für eine reflexive Professionalisierung aufdeckt und die Schwestern befragt, was ihr Anteil an solchen Strukturen sei, und wenn sich schließlich herausstellt, wie nützlich doch eine Übermutter ist, die sich als Ausrede für eigene Unselbstständigkeit verwerten lässt. Ja wenn das so ist, dann ist Supervision doch nichts für die Pflege ... Ein Berater lässt sich leichter in die Wüste treiben als eine Oberin, die dadurch für eine Weile von ihrer Sündenbockrolle entlastet wird.

Der Zerfall des Dorfvaters

Das Kinderdorf ist der Einfall eines Menschen, der viel bewegt hat und sich mit Waisen auf eine eindrucksvolle, radikale Art identifizierte. Die verlassenen Kinder sollten wieder eine Mutter haben, nicht wechselnden Hilfskräften in einem Heimbetrieb ausgeliefert sein, zu denen keine tragenden, stabilisierenden Bindungen entstehen können. Die Kinderdorfmutter im Sinn des Gründers war eine entsexualisierte, übermütterliche Frau, die nicht mit einem Mann, sondern mit Kindern lebt in einem Dorf, wo es noch viele andere Mütter, aber nur einen Vater gibt: den Kinderdorfleiter, die Chiffre des Gründervaters.

Die Kinder kamen in eine Dorffamilie, in ihr wuchsen sie heran, nach ihnen kamen andere »Geschwister«, vor ihnen verließen erwachsen gewordene Kinder das Haus. Im Dorf gab es eine Schule, vielleicht auch eine Landwirtschaft, einen Handwerksbetrieb; es lag in schöner Landschaft, und jede Familie hatte ihr eigenes Haus, ihre eigene Heimat.

Der Beruf des Institutionsanalytikers ist neu, er entwickelt sich gegenwärtig aus Vorberufen wie Psychoanalytiker und Supervisor. Die Klienten des Institutionsanalytikers sind häufig ebenfalls Personen, die neu in ihren Einrichtungen sind, die sich erleben wie eingepflanzte Organe, ständig von Abwehr- und Abstoßungsreaktionen bedroht. Sie treten mit dem Analytiker in Wechselwirkung; er interessiert sich besonders für sie, denn sie symbolisieren Teile seiner eigenen Rolle.

Eine Kinderanalytikerin, die in einem Beratungszentrum der Kinderdorf-Organisation arbeitet, berichtete in einer Selbsterfahrungsgruppe aus professionellen Helfern über ihre Klienten. Sie versuchte, mich zum Komplizen einer der charakteristischen Entwertungen im Kontext institutioneller Entwicklungen zu machen. Es sei schlimm, sagte sie: Die Jugendlichen aus diesen Kunstfamilien seien oft und massiv gestört; die Störungen reichten von Sucht und Dissozialität bis zu den verschiedensten Neurosen mit depressiven und zwanghaften Symptomen. Das wundere sie nicht, denn die Kinderdörfer seien ihrem Eindruck nach eine große Verführung für narzisstisch gestörte Frauen, die ihr Scheitern in eigener Mutterschaft und erotischer Erfüllung durch die Annahme der dort gebotenen Rolle der Übermutter auszugleichen suchten. Außerdem sei es für die Heranwachsenden sehr schwierig, in solchen mutterdominierten Familien eine eigene sexuelle Identität zu finden und trotz des fehlenden Vaters ihren Ödipuskomplex zu verarbeiten.

Ich konnte nachvollziehen, was sie beschrieb, und doch missfiel es mir. Ich finde es fragwürdig, wenn Therapeuten Dritte entwerten. Das weckt den Verdacht, dass sie Sündenböcke für die Risiken ihrer eigenen Arbeit suchen. Die Darstellung der Kinderdorfmütter als narzisstisch gestörte Übermütter schien mir ein solcher Versuch zu sein, nach dem Motto: Was kann ich gute, auf meinen professionellen Bereich beschränkte Therapeutin gegen eine derart mächtige, böse Mutter nachträglich ausrichten, die sich überall einmischt und alles bestimmt?

Auch die Kausalität von unvollständiger Familie und Beziehungsstörungen im sexuellen Bereich erschien mir fragwürdig, vielleicht auch, weil ich selbst als Halbwaise aufgewachsen bin. Als Wissenschaftler berufe ich mich hier aber lieber auf Daten als auf mein eigenes Erleben. Die Fakten sagen, dass eine durchschnittlich zufriedene allein erziehende Mutter für die seelische Gesundheit der Kinder prognostisch günstiger ist als ein zerstrittenes Paar.

Der Mythos von den Kinderdorfmüttern, die als männlichen Gegenpart nur den Dorfvater brauchen, löst sich heute allmählich auf. Die Kinderdörfer haben sich auf eine zögernde und unvollständige Weise professionalisiert, vielleicht ähnlich wie die katholische Kirche in Mitteleuropa, die ihre Dienste in den Gemeinden durch verheiratete Laientheologen aufrechterhält, aber dennoch vorgibt, der Zölibat sei unangefochten. Heute gibt es in vielen Kinderdörfern pädagogische Mitarbeiter, von denen jeweils einer drei Mütter betreut; die modernen Dorfleiter sind keine Handwerksmeister mehr, sondern Sozial- oder Diplompädagogen.

Aber die bezahlte pädagogische Arbeit und der mütterliche Mythos durchdringen sich und schaffen ein Klima der latenten Entwertungen (denn gute Mütter sind immer da, und sie sind nicht nur da, sondern auch unfehlbar, stark, gesund, belastbar, sie geben, ohne zu fordern, und lieben, ohne Anerkennung zu erwarten). Ist der Pädagoge, der morgens aus dem Schlaf geschreckt wird, weil ein Kind »seiner« Mutter nicht in die Schule gehen mag, nun berechtigt einzuwenden, er sei nicht im Dienst? Ist es sein Auftrag, der Überforderten die Arbeit abzunehmen oder sie dazu zu bringen, dass sie diese selbst leistet? Doch wie soll er das tun, wenn – sobald er die Rolle der Erziehungsfeuerwehr zurückweist – der Dorfleiter sie übernimmt und ihm sein wohl begründetes Zögern als Faulheit auslegt?

Eine erste Fallarbeit eines Beraters auf diesem Feld bezog sich auf den Konflikt zwischen einem Dorfleiter und einer Hausmutter. Der Leiter, ein Sozialpädagoge, kam mit der Mutter nicht zurecht. Beratung war angefragt worden, weil eben dieser Dorfleiter sich völlig überlastet fühlte. Er konnte nicht mehr einverstanden sein mit dieser Mutter, die als letztes Kind in ihrem Haus einen Volljährigen hatte, der schwer verhaltensgestört war und sie – angeblich oder wirklich, das war die Frage – so beanspruchte, dass sie keine neuen Kinder aufnehmen konnte.

Die anderen Mütter protestierten gegen diese Bequemlichkeit. Der Leiter redete der Mutter gut zu, aber darauf reagierte sie nicht: Sie sei die Einzige, die das völlige Scheitern ihres »Sohnes« noch verhindern könne, und die pädagogischen Mitarbeiter im heilpädagogischen Zentrum, die gerade ihr die Verantwortung für die Störungen des Jungen zuschieben wollten und von Ablösung faselten, seien entweder töricht oder bösartig, das stelle sie anheim.

Durfte der Berater dem Kinderdorfleiter ins Gesicht sagen, er solle sich dieser Mutter (und den anderen Müttern) gegenüber nicht wie ein lieber Junge, ein groß gewordener, aber doch noch sehr liebebedürftiger Sohn verhalten, sondern seine Autorität zur Geltung bringen und sein Konzept durchsetzen? Er sehe es kommen, fügte der Berater hinzu, wenn er auf diese Weise Klarheit zu schaffen versuche, würde ihm der Kinderdorfleiter entgegnen, er hätte es gut in seiner Supervisionspraxis, sei sein eigener Herr, niemand rede ihm drein, er könne sich psychologisch, pädagogisch, soziologisch orientieren, wie er es gerade wolle.

Er aber sei Mitglied in einer Institution, in der die Kinderdorfmutter dieselbe Rolle spiele wie die Kuh im Hinduismus.

Ob dem Berater klar sei, dass gesteinigt werde, wer in Indien eine Kuh schlachte? Dass Tausende sterben mussten, als der große Militäraufstand unter den Hindus ausbrach, allein auf den Verdacht hin, die Patronenhülsen für das neue Gewehrmodell seien mit Rindertalg gefettet?

»Wenn wir das Rezept dafür hätten, wie man den Kuchen haben und essen kann, würden wir nicht für das bisschen Geld unseren Klienten hinterherlaufen«, sagte einer in der institutionsanalytischen Gruppe, in die der Supervisor des Kinderdorfleiters seinen Fall gebracht hatte. »Es gibt keine Wahl. Entweder der Dorfleiter arbeitet professionell und vertritt seine Position, oder er gibt den Job auf und geht irgendwohin, wo er solchen Konfrontationen nicht ausgesetzt ist!«

»So einfach ist das nicht«, sagte ein anderer. »Weißt du, wie der Arbeitsmarkt für Diplompädagogen in bayerisch Sibirien ist? Sicher hat er ein Häuschen gebaut, seine Kinder gehen in die Schule, seine Frau singt im Kirchenchor, da kann man nicht so einfach weggehen!«

»Alle weigern sich, erwachsen zu werden«, sagte eine Dritte. »Der junge Mann, das letzte Kinderdorfkind seiner Kinderdorfmutter, schwänzt die Schule und raucht Haschisch, weil er sich davor fürchtet, Verantwortung zu übernehmen. Die Mutter gluckt um ihn herum, weil sonst für sie auch eine neue Aufgabe anstünde, die sie sich nicht zutraut. Und der Kinderdorfvater kann sich nicht davon verabschieden, es allen Recht zu machen.«

»Das ist doch oft so in Adoptivfamilien. Da muss alles besonders gut sein, tausendprozentig. Und die Ablösung verläuft doch nie ohne Stress und Scherben. Wenn Kinder in die Pubertät kommen und anfangen, eigene Wege zu gehen, hält das eine normale Familie gerade noch aus. Eine romantische Superfamilie bricht darunter zusammen.«

»Ich habe einen ähnlichen Eindruck. Es ist eine Frage des Erwachsenwerdens, aber es ist auch eine Frage der Professionalität. Es muss etwas wie eine regressive Entprofessionalisierung geben, eine Entwicklung, die professionelle Positionen wieder auflöst und sie durch primitivere Mechanismen ersetzt, zum Beispiel Alltagsnormalität, Freizeitstrategie, Beziehungskiste, Krankheit, Alkoholismus. Aber in Institutionen gibt es noch ein anderes Mittel: sozusagen den Schlamm aufzuwühlen, der sich längst abgesetzt hat, und dort unten etwas zu finden, mit dem man einen aktuellen Konflikt verdecken kann.«

»Indem man sich in diese Schlammwolke zurückzieht wie ein Tintenfisch?«

»Im Kinderdorf gibt es heute eine pädagogische Struktur; die meisten Mütter haben eine Ausbildung und verstehen sich als professionelle Pädagoginnen. Aber wenn sie sich überfordert fühlen, regredieren sie auf die Position der Urmutter, die alles beherrscht und alles besser weiß, zugleich aber total überlastet ist und daher von außen nur Anerkennung und Rücksicht einklagen, aber keine Forderungen mehr verarbeiten kann. Professionelles Arbeiten ist so ebenso wenig möglich wie Integration in ein Team.«

»Der Dorfleiter macht es aber ganz ähnlich. Er hat neulich, als die Supervisorinnen eine Sitzung des Leitungsteams moderieren sollten, in schöner Freiheit erklärt, er fühle sich enorm überlastet, seine Ehe sei in einer Krise, er habe sich jetzt eine Wohnung außerhalb des Dorfgeländes gesucht, um nicht mehr zu jeder Tages- und Nachtzeit aufgescheucht und mit Problemen belastet zu werden. Er erwarte jetzt von den pädagogischen Mitarbeitern, dass sie die Konflikte und Klagen in den Dorffamilien endlich in den Griff bekämen, er sei von jetzt an nicht mehr zuständig dafür, dazu hätten sie auch die Supervision.«

»Das ist das Dreikönigs-Phänomen!«

»Wie bitte?«

»Kennst du das nicht? Ist doch klar: Sie sahen einen Stern, luden ihre Lasten den Kamelen auf und machten sich auf die Reise.«

»Du meinst: Er betrachtet uns Berater als seine Lastesel?«

»Warum nicht? Dafür bezahlt er euch. Ich dachte allerdings: sowohl seine pädagogischen Mitarbeiter wie auch die Berater. Das ist ein Wunsch, den alle Leiter haben: dass die Anerkennung der Mitarbeiter bei ihnen ankommt, während der Ärger und die Konflikte auf einer Hierarchiestufe unter ihnen erledigt werden. Funktioniert natürlich nicht, ist auch ein Signal, dass die gesamte Organisation zu wenig Erfolgserlebnisse transportiert, dass sozusagen die frische Ernährung knapp ist, Skorbut um sich greift und Kannibalismus ernsthaft erwägt wird, wenn er nicht schon an versteckten Plätzen stattfindet.«

»Du meinst den Entwertungszirkel?«

»Ja, etwa in der Art: Mit richtigen, gestandenen Kinderdorfmüttern wäre es doch eine Freude, Dorfvater zu sein. Aber mit diesen menschlichen und pädagogischen Versagerinnen? Und mit richtigen pädagogischen Mitarbeitern wäre es kein Problem, das Dorf zu leiten. Aber mit diesen Versagern, die Mütter hängen lassen, wenn diese nach Feierabend bei ihnen anrufen, weil ein Kind nicht ins Bett will oder nicht aufstehen und in die Schule gehen mag?«

»Verstehe ich richtig, dass Organisationen, in denen ein Familienmodell und ein professionelles Modell zusammen existieren, immer Gefahr laufen, sich regressiv zu entprofessionalisieren?«

»Ich denke, dass diese Gefahr überall droht. Sie sieht nur unterschiedlich aus, je nachdem, um welche Organisation es sich handelt. Ich glaube, es kommt auf den einzelnen Fall an, ob eine solche gemischte Struktur – ein anderes Beispiel wäre ein Familienunternehmen, das professionelle Manager beschäftigt, aber auch Familienangehörige – Synergien entwickelt oder Verfallserscheinungen. Wenn es unter dem höheren Organisationsniveau ein tieferes gibt, bedeutet das auch einen Gewinn an Sicherheit. Regressionen werden nicht so tief, dass alle Funktionen ausfallen. Andererseits ist der Regressionsweg sozusagen ideologisch gebahnt. Es gibt gemeinsame Mythen, die sich für einen regressiven Missbrauch anbieten.«

Das Ansinnen an den Berater war, eine Lösung mitzubringen, in der die Kinderdorfmutter nicht gekränkt und der Dorfleiter nicht inkompetent erscheinen sollte. Nach meinem Eindruck fällt es Supervisoren oft nicht leicht, die Einsicht in dieses Dilemma wirkungsvoll umzusetzen. Wie alle Menschen wollen auch sie geliebt werden und wie alle professionellen Berater richten sie ihren Ehrgeiz darauf, etwas mitzubringen, das ihre Klienten bereichert, selbst wenn die Situation verlangt, angemessen mit Verlust und Mangel umzugehen.

Die Kinderdorfmutter fühlt sich im Recht, weil sie ihr Verhalten in den Konsequenzen ihrer mütterlichen Rolle interpretiert und ihr »Sohn« schließlich von ihr verlangt, ganz für ihn da zu sein und keine kleinen Geschwister ins Haus zu holen. Eine biologische Mutter kann sich im Alter von 45 Jahren problemlos als »zu alt« für weitere Kinder und die Versorgung eines Nesthockers fühlen. Die Kinderdorfmutter bleibt immer Mutter. Eine Großelternrolle ist für sie nicht vorgesehen.

In der Entwicklung der Institution Kinderdorf mussten professionelle Elemente integriert werden, seit die Versorgung von Kriegswaisen nicht mehr ihr Aufgabenschwerpunkt war. Um mit den ausgeprägteren Störungen und sozialen Unsicherheiten der Kinder aus Problemfamilien zurechtzukommen, schufen die Kinderdörfer Übergangseinrichtungen, in denen Kinder untergebracht wurden, für die eine Entscheidung für oder gegen eine bestimmte Kinderdorffamilie nicht getroffen werden konnte. Es entstanden auch heilpädagogische Tagesstätten, um verhaltensgestörte oder lernbehinderte Kinder angemessen betreuen zu können. Diese Einrichtungen verlangten nach qualifizierter Führung, während die »normale« Kinderdorffamilie nach wie vor das hohe Ideal der Institution blieb.

Der Dorfleiter verlor so seine Vaterrolle und wurde zum Manager unterschiedlicher Berufsgruppen. Gerade seine Zugehörigkeit zu den professionellen Pädagogen stand ihm aber auf dem Weg zum Dorfleiter im Weg: Wem es nicht gelang, die Unterstützung der Mütter zu gewinnen, die sozusagen das Allerheiligste des Dorfes verkörpern, der hatte als Kinderdorfleiter keine Chance.

Daher die Scheu des Leiters, einer Mitarbeiterin, die sich auf ihre Mutterideale berief, zu widersprechen und sie an ihre Pflichten zu erinnern. Über Mutterpflichten wusste sie doch selbst am besten Bescheid. Der Berater sollte das Sakrileg mildern, dass ein Leiter die Mutter in sein System professionell definierter Forderungen nötigte, und die damit verbundene Schuld auf sich laden. Diese Aufgabe missfiel dem mit einem empfindlichen Gewissen ausgestatteten Berater.

Die Wiederherstellung des professionellen Verhaltens verlief sozusagen in der umgekehrten Richtung wie die regressive Entprofessionalisierung. Die Gruppe konfrontierte den Berater mit seinem Bemühen, den Dorfleiter zu schonen und ihn an der notwendigen Einsicht vorbeizulotsen, dass seine harmonisierenden Strategien in eine Sackgasse geführt hatten. Der Leiter gab diese Konfrontation nach einigem Abwehrgeplänkel und deutlicher Enttäuschung, dass der Berater keine frommere Lösung gefunden hatte, an die Kinderdorfmutter weiter, und nach einigem Zögern erklärte sich diese bereit, neue Kinder aufzunehmen und den Abschied von ihrem fordernden Schützling einzuleiten.

Reflexive Professionalisierung und regressive Entprofessionalisierung

Thesen:

1. Supervision und Coaching dienen dazu, die Profession stärker im Ich zu verankern und Gefährdungen der beruflichen Rolle durch Es- und Über-Ich-Einflüsse mit Hilfe einer methodischen Reflexion zu begrenzen.
2. Je stärker die Einflussnahme auf Menschen (im Gegensatz zur Produktion und Manipulation von Dingen) das Arbeitsfeld

bestimmt, desto ausgeprägter sind die Gefahren einer regressiven Entprofessionalisierung. Daher sind alle Führungspositionen besonders gefährdet.

3. Die regressive Entprofessionalisierung zeigt sich durch Strukturverluste oder funktionswidrige Überstrukturierung. Einen Beruf zu erlernen heißt auch eine Rolle zu erlernen. Solche Rollen sind in vielen modernen Berufen nicht mehr rational in allen ihren Umrissen definierbar. Neben einer Ausbildung, in der Rollenumfänge definiert und die notwendigen rationalen Strukturen verankert werden, wird in der beruflichen Praxis eine kontinuierliche Reflexion notwendig, um die Gefühle des Professionellen, die weder ganz aus dem professionellen Handeln verschwinden noch es ganz beherrschen dürfen, ebenso einzubeziehen wie zu überwachen. Eine im Grunde ständige Differenzierungsarbeit ist notwendig, um die beiden Extreme zu vermeiden, an denen Leiter ihre Kompetenz verlieren: die Erschöpfung und das Ausbrennen, in dem ihre Tätigkeit zur von Kreativität, Neugier und emotionalem Engagement verlassenen Routine wird, auf der einen Seite, Machtmissbrauch, Korruption und Vorteilsnahme, in dem die Triebbefriedigung die professionelle Aufgabe zerstört, auf der anderen.

4. Je nach ihrem eigenen Professionalisierungsstadium weisen soziale Organisationen ausgeprägtere oder weniger ausgeprägte Verstärkungen der Tendenzen zur Professionalisierung beziehungsweise Entprofessionalisierung auf. Häufig finden sich dialektische Prozesse: nichtprofessionelle Organisationen versuchen, Probleme durch Professionalisierung zu lösen; professionalisierte Organisationen, die stagnieren oder schrumpfen, greifen zu Entprofessionalisierungen, um zum Beispiel Kürzungen der verfügbaren Gelder für qualifizierte Arbeitskräfte aufzufangen. Um eine völlige Auflösung der beruflichen Rolle zu verhindern, werden verschiedene Abwehrmechanismen eingesetzt. Auf jeder Stufe der regressiven Entprofessionalisierung kann es zu Kompromissbildungen kommen, die

ein Amalgam zwischen einer drohenden Auflösung der beruflichen Rolle und Gegenmaßnahmen in Aussicht stellen.

5. Die Regression orientiert sich bei einem Entprofessionalisierungsprozess an institutionellen Modellen, zum Beispiel dem der »idealen Familie« (Kinderdorf, Familienunternehmen) und latenten Identifizierungen beziehungsweise ihrer Abwehr. Regredierte Lehrer verhalten sich wie Schüler, regredierte Erzieherinnen wie Kindergartenkinder, regredierte Drogenberater wie Junkies. Oft ist das, was schließlich sichtbar wird, eine Reaktionsbildung gegen diese Identifizierung.

6. Es ist wichtig, zwischen Beratung im Sinne einer Kompetenzsteigerung und Beratung im Sinne einer Kompetenzerhaltung zu unterscheiden. Supervision ist zu Beginn eines Professionalisierungsprozesses angezeigt – zum Beispiel als Bestandteil der Ausbildung von Psychotherapeuten oder Sozialpädagogen. Die Kompetenz erhaltende Beratung beziehungsweise Supervision hat eine vorbeugende Funktion. Sie wird besonders notwendig, wenn es Signale für eine regressive Entprofessionalisierung gibt, deren Extremtypen Burnout und Machtmissbrauch sind.

7. Auch für Supervisionen gilt das Gesetz vom Grenznutzen.[29] Im Prinzip kann alles berufliche Handeln durch eine reflexive Professionalisierung optimiert werden. Aber die Verbesserungen sind bei den ersten Reflexionen meist erheblich größer als bei den späteren.

Beispiele für regressive Entprofessionalisierungen

1. Eine Diplompsychologin in einer therapeutischen Station für junge Fixer hat ihre Arbeit mit den therapeutischen Werkzeugen begonnen, die sie in ihrer Selbsterfahrung als Gesprächstherapeutin kennen gelernt hat. In dem von Burnout beeinträchtigten Stationsteam wird sie zunächst »in Ruhe gelassen«,

das heißt nicht angeleitet; im Team fühlt sich niemand zuständig dafür, Neue einzuarbeiten, die Fluktuation ist hoch, »es lohnt sich nicht – man weiß ja nie, wie lange sie bleiben!«

Umso energischer werden jedoch Fehler aufgegriffen. Nachdem die Anfängerin im Team mehrmals kritisiert und ihr zu große Nachgiebigkeit gegenüber den Ansprüchen der Patienten auf Ausgang, freie Wochenenden und Verzicht auf Urinkontrollen vorgeworfen wurde, sucht sie Hilfe bei einem Berater, den sie aus ihrer Therapieausbildung kennt.

Es stellt sich heraus, dass sie sich inzwischen weitgehend mit den jugendlichen Junkies identifiziert. Sie teilt deren Unzufriedenheit und deren Überzeugung, wenn sie bessere, tolerantere Eltern, Kollegen oder Vorgesetzte hätten, wären ihre Probleme wie weggezaubert. Sie geht patzig mit ihren Teamkolleginnen um, schreibt alle Probleme in ihrer Arbeit äußeren Umständen zu und ist beleidigt, wenn die Kollegin, zu deren Ablösung sie eine Stunde zu spät kommt, »kein Verständnis hat«.

»Ich habe keine Probleme mit den Bewohnern. Aber die Teamkollegen mobben mich, weil sie auf mein gutes Verhältnis zu den Fixerinnen eifersüchtig sind. Wenn ich nicht einen Tag in der Woche blau mache, halte ich es dort nicht mehr aus!«

2. Die Mitarbeiter eines Jugendcafés verlangen Supervision. Sie brauchen jemanden, der ihnen hilft, mehr von ihren Ideen umzusetzen. Bei ihnen gäbe es viele Einfälle, auch viel Nörgelei, aber niemand sorge dafür, dass die Dinge durchgezogen würden. Durch Nachfragen erfährt die Supervisorin außerdem, dass diese Einrichtung um ihr Überleben kämpft und von Kürzungen bedroht ist. Das Team hat das bisher kaum wahrgenommen. Die nicht verlängerten Stellen werden durch den Einsatz von Praktikantinnen kompensiert.

Das Jugendcafé wurde gegründet, weil die Kreisstadt einen Zuschuss bekam und die Jugendlichen auf der Straße den örtlichen Kaufleuten lästig wurden. Inzwischen ist von den einstigen politischen Befürwortern kaum noch jemand im Stadtrat, es gibt einen neuen Bürgermeister, niemand erinnert sich noch an die Zeit, als die Jugendlichen auf der Straße standen. Vom Team weiß davon nur noch die Leiterin – niemand sonst scheint sich dafür zu interessieren.

Die Beraterin findet, dass diese ausgebildeten Sozialpädagogen nicht nur die Kleidung, sondern auch viele Einstellungen ihrer jugendlichen Klienten übernommen haben. So wissen sie nicht, woher ihre Gehälter kommen (Ausnahme: die Leiterin), wer ihr Träger ist, und was geschieht, wenn die Mittel gestrichen werden. Das Team verhält sich wie ein Jugendlicher, der von großen Auftritten träumt, aber die Schule schwänzt und die Suche nach einer Lehrstelle zu stressvoll findet.

Die Beraterin wird gefragt, ob sie auch mit kreativen Medien arbeite; sie hat den Eindruck, das Team sei besonders glücklich, wenn sie etwas mitbringt, beispielsweise Papier und Buntstifte, um ein Bild über die Teamsituation malen zu lassen.

3. Eine Beraterin, die mit großem Engagement versucht hat, in den Altenpflegeeinrichtungen ihrer heimatlichen Kleinstadt Supervision einzuführen, berichtet von ihrer Resignation. Es sei immer dasselbe. Anfangs stoße sie auf großes Interesse, vor allem wenn sie mitteile, dass sie selbst aus der Pflege komme. In der ersten Informationsveranstaltung, wo sie einen kleinen Vortrag mit bunten Folien halte, was Supervision leisten könne, kämen dreißig Mitarbeiterinnen, und die Heimleiter seien von diesem Interesse begeistert.

Zur zweiten Veranstaltung, wenn es darum gehe, sich auf eine bestimmte Zahl von Terminen festzulegen, kämen dann noch zehn. Und wenn man sich mühsam mit denen geeinigt habe, seien bei der ersten richtigen Sitzung, wenn es losgehen solle, noch fünf da. Diesmal hätten diese fünf kein Thema gefunden. Sie hätten keine Kraft übrig, zu wenig Kraft, um über die Beziehungen zu den Heimbewohnerinnen auch noch zu reden, mit den Kolleginnen gebe es ohnehin keine Probleme, man habe vor lauter Arbeit gar keine Zeit dafür.

»Diesmal habe ich trotz der bereits festgelegten Termine den Bettel hingeworfen«, berichtet die Beraterin. »Ich habe denen gesagt, sie sollten erst einmal untereinander abstimmen, ob sie Probleme bringen wollten oder nicht, ich sei Lieferantin von Supervision, nicht von Kraftfutter. Ich gebe das jetzt auf, ich kann keinen dieser Altenpfleger mehr sehen, die immer sagen, sie hätten keine Kraft, über ihre Klientenbeziehungen zu reden, das interessiere sie ebenso wenig wie die Probleme der Kollegen.«

Die Kraftlosigkeits-Fantasie der Altenpflegerinnen hatte die Beraterin ergriffen. Sie scheint aus dem Anspruch gespeist, eine neue Aufgabe ließe sich nur kraftvoll, mit Schwung und Zuversicht anpacken – Qualitäten, die in der Altenpflege schnell erschöpft sein können. Auch die Beraterin forderte nun mehr Kraft – vor allem mehr Entschlusskraft – von ihren Klienten, sozusagen einen besseren Zustand der Schützlinge. Dadurch versäumte sie, die Kraftlosigkeit als zentrales Thema zu erkennen und diese Einsicht ihren Klienten zu verdeutlichen. Statt sachlich über Burnout und Lernunwilligkeit zu sprechen, regredierte sie zu den Klientinnen auf deren Ebene der »Kraft« und ihrer Erschöpfung.[30]

Der unmögliche Beruf

In den traditionellen Gesellschaften war Führung eine Qualität, welche nur den Angehörigen eines bestimmten Standes zugänglich war. Für den geborenen Fürsten war es immer klar, dass er zu bestimmen hatte. Wenn ein Edelmann und neun Bauern in einem Raum saßen, gab es keine Frage, wer das erste Anrecht auf die Macht hatte; wenn der Edelmann aus Desinteresse, Intelligenzmangel oder Trägheit die Macht liegen ließ, mochte sie ein anderer aufheben. Doch diesen begleitete die Ahnung, dass sie ihm letztlich nicht zustand und er sie aus der Hand geben würde, wenn ein machtbewusster Edelmann auftauchte.

Wenn heute Führungskräfte ausgesucht werden, etwa in einem Assessment-Center, gehört zu den diagnostischen Instrumenten fast immer eine Trainingsgruppe, in der ebenfalls zehn Menschen in einem Raum sitzen. Diesmal ist überhaupt nicht klar, wem die Macht zusteht.

Wie sich dann Machtverteilungen in der Gruppe organisieren, wie diese wechseln, wer den Gruppenprozess bestimmt, wer Gefolgsmann, wer Außenseiter wird, sind spannende Themen, in denen die Fragen der Herkunft, des Standes, des familiären und wirtschaftlichen Hintergrundes immer noch eine wichtige Rolle spielen. Aber sie erlauben keine Voraussagen mehr. Der Adelige, die Professorentochter können ebenso gut eine prominente Rolle spielen wie besonders bescheiden zurücktreten. Die Welt ist unübersichtlicher geworden.

Für eine historische Betrachtung interessiert am meisten die Rolle des Experten, des hinter seinem Sachverstand verborgen bleibenden »zweiten Mannes«, in modernen Heeren der Stabschef. Dominante Oberbefehlshaber, Mitläufer und Sündenböcke hat es schon immer gegeben. Aber der Experte? Auf den ersten Blick könnte man ihn als Nachfolger der traditionellen Doppelführung von Häuptling und Medizinmann, Rajpute und Brahmane, Kaiser und Papst sehen. Aber dieser Vergleich hinkt: Der Experte beansprucht keine umfassende Autorität, er muss es auch nicht tun, weil die Realität selbst für ihn spricht.

Die in vielen Führungstraditionen beliebte Doppelspitze hat große Vorteile, wenn beide Partner kooperieren, und nicht geringere Nachteile, wenn sie die gemeinsame Aufgabe in einer nicht mehr beherrschten Rivalität vergessen. Kooperierende Partner können in kniffligen Situationen dadurch, dass zwei unterschiedliche Meinungen präsent sind, beim Scheitern der ersten Wahl auch für die zweite einen nicht durch die Fehleinschätzung der Situation belasteten Führer anbieten. Die Römer wählten immer zwei Konsuln; wenn Romulus mit seinem Vorschlag scheiterte, konnte Remus[31] an die Spitze treten. Vielleicht hängt es mit dem Aufkommen des Experten zusammen, dass solche Doppelspitzen selten geworden sind. So lange das Orakel des Zeus die eine, das Orakel des Apollon die andere Auskunft gab, war es unproblematisch, nach dem Scheitern des einen Rates auf den anderen auszuweichen. Aber in einer wissenschaftlich aufgeklärten, an Leistung orientierten Welt hat nur *ein* Experte Recht.

Solange Führer von unterschiedlichen Göttern oder Dämonen inspiriert waren, standen sie sich nicht in der Weise selbst im Weg, die für viele heutige Manager typisch ist. Sie handelten, wie sie es im jeweiligen Augenblick für das Beste hielten, und grübelten nicht lange darüber nach, ob es nun richtig war oder falsch. Sie waren Führer und mussten sich nicht als solche beweisen; Skrupel, Unentschlossenheit, Zaudern waren so selten, dass sie – wie bei Quintus Fabius Maximus,[32] dem Cunctator (Zögerer) – eigens erwähnt wurden.

Was die bürgerliche Revolution als Ideal der Selbstverwirklichung in das Führungsproblem transponierte, war der Gedanke von der Führerschaft des Besten, des Tüchtigsten. Hier wurzelt ein bis heute unüberwindliches Dilemma, mit dem wir am besten umgehen werden, wenn wir unsere Kraft nicht auf der Suche nach einer Patentlösung verausgaben.

Der Tüchtigste ist einerseits, auf der Ebene des primitiven Narzissmus, der »geborene« Leiter in einer Leistungsgesellschaft. Auf der anderen Seite blockiert er die Entfaltung seiner Mitarbeiter, wenn seine Fähigkeiten zur Selbstreflexion und zur Zurücknahme seines primitiven Narzissmus nicht mit seiner Tüchtigkeit mitgewachsen sind.

Wer seine Tätigkeit leidenschaftlich betreibt und sein Selbstgefühl in sie setzt, wird nur dann ein guter Leiter, wenn er diese Leidenschaft kritisch brechen kann. Er muss zulassen, dass neben ihm, vor seinen Augen, mit seinem Wissen, unter seiner Verantwortung schlechter gearbeitet wird, als es seinem eigenen Standard entspricht. Er muss fähig sein, diese Arbeit so zu loben und zu tadeln, dass Mitarbeiter gefördert werden, die seinen Standard vielleicht nie erreichen werden. Er muss ertragen, dass er am Ende eines Arbeitstages eine Leistung vorfindet, die schlechter ist als die, die er selbst während seiner Zeit als Sachbearbeiter erbrachte. Manchmal muss er auch noch verkraften, dass nun ihm die Verantwortung für diese Leistung zufällt, dass er für sie kritisiert wird, während er sich als Sachbearbeiter darüber ärgerte, dass sein Chef sich im Glanz der von ihm erbrachten Leistungen sonnte, ihn aber als Urheber zu nennen vergaß.

Ein Leiter, der einmal »begriffen« hat, dass seine Führungsaufgabe in einer eigenständigen Entwicklung professionalisiert werden muss und sich nicht aus einem formalen Status (als Experte, als Dienstältester, als Erbe) ergibt, kann diese kostbare

Einsicht auch wieder verlieren. Das Modell der reflexiven Professionalisierung und der regressiven Entprofessionalisierung belehrt uns, dass dieses Wissen jederzeit durch eine Regression aufgelöst werden kann, in der sich der Leiter doch wieder an seinen Expertenstatus oder an eine andere Struktur klammert, die ihm den Blick auf seine Aufgabe verstellt, aber Schutz und Sicherheit angesichts ihrer Risiken verspricht.

So enthält das Leistungsprinzip in der Führung ein Dilemma, das den Berater manchmal – unrealistischerweise, wie er bei genauem Nachdenken zugestehen muss – traditionellen Führungskonzepten nachtrauern lässt, in denen die einen geboren wurden, um zu herrschen, die anderen, um zu dienen. Gegenwärtig wird es notwendig, sich »emporzudienen«, das heißt irgendwann im Lauf der eigenen beruflichen Entwicklung »Führung zu übernehmen«. Viele Führungskräfte können in dieser Situation auf die Sicherheiten ihrer früheren Rolle als Fachleute, Spezialisten, Wissenschaftler, Praktiker oder auch Befehlsempfänger nicht verzichten. Sie handeln wie jemand, der auf einen Baum klettert und an einer schwierigen Stelle einen Ast mit den Zähnen packt, weil er glaubt, sich mit beiden Händen festhalten zu müssen.

Ein Leiter, dem es nicht gelingt, sich Freiraum für seine spezifischen Leitungsaufgaben zu schaffen, wird sich in seine Position in ähnlicher Weise verbeißen. »Bissige«, entwertende Umgangsformen von Führungskräften sprechen meist für eine solche Situation.

Der neue Leiter einer großen Abteilung, ausgewählt, weil er ein Sachgebiet engagiert und mit der Bereitschaft zur unternehmerischen Teilverantwortung gemanagt hatte, tritt diesen Posten zögernd an. Er hat sich für ihn entschieden, weil er sich – inzwischen 53-jährig und seit 25 Jahren in dieser Firma – dem Angebot seines Vorstandes nicht entziehen will. Bald sucht er Hilfe bei einem Berater, der ihn schon in einer früheren Krise unterstützt hat. Beide erarbeiten, dass dieses Angebot positive

Seiten hat; es ist die wahrscheinlich einzige Möglichkeit für ihn, mehr zu verdienen und sich einer neuen Aufgabe zu stellen.

Das zentrale Problem, das während der Coaching-Arbeit in den nächsten Monaten immer wieder auftaucht, ist seine tiefe Unsicherheit, ob er, der lange Zeit der größte Fachmann in seinem Sachgebiet war, nun andere Experten führen »darf«, die ihm an Fachwissen überlegen sind.

Immer wieder muss der neue Abteilungsleiter erkennen und einüben, dass seine Aufgabe nicht darin liegt, nachts und an Wochenenden durchzuarbeiten und Ehekrisen zu riskieren, weil er alle Verträge und Akten studiert, um sich in seiner Abteilung in genau denselben Informationsstand zu versetzen, den er vorher in seinem Sachgebiet hatte (das er aus einer Stabsstelle, die er gleich nach dem Studium antrat, selbst aufgebaut hatte). Periodisch gerät er in die Nähe eines psychischen Zusammenbruchs und schimpft in den vulgärsten Tönen über seine verrückte Firma, die unglaubliche Schlamperei seiner vorwiegend akademischen Mitarbeiter, die Fehler in den Vorlagen, welche er sich früher, als er in der Position dieser Mitarbeiter war, nie und nimmer erlaubt hätte. Gleichzeitig fühlt er sich deprimiert und überfordert, möchte alles hinwerfen, trauert seinen Hobbys nach, die ihm früher so viel Entspannung verschafft haben und für die er jetzt keine Zeit mehr hat.

Der Nimbus

Eine andere Illusion, welche den Manager inkompetent werden lässt, wenn er keinen Abstand zu ihr herstellen kann, ist der Glaube daran, dass geliebt wird, wer nach oben gelangt. Er entsteht durch eine sonderbare Mischung aus der Verarbeitung von Neid, Bewunderung und der Überzeugung, es selbst besser machen zu können als die Eltern (beziehungsweise die Chefs, unter denen ich gelitten habe).

Die erste emotionale Reaktion auf einen Vorgesetzten ist – typisch für den sozial lebenden Primaten – eine Mutterübertragung. Sie umfasst Respekt, Hoffnung auf Güte, Schutz, Förderung. Da der reale Chef diese Erwartungen regelmäßig enttäuscht, wird sozusagen als Nimbus[33] ein Idealbild hinter und über ihm entworfen, mit dem sich jene Personen identifizieren, die selbst Chefs werden wollen. (Da diese Idealbilder oft eine Rolle im eigenen Selbstbild spielen, neigen Menschen, die Karriere gemacht haben, sehr oft dazu, frühere Chefs zu glorifizieren, an denen sie nichts Gutes ließen, so lange sie ihnen untergeben waren).

In der Psychoanalyse spricht man von »Triangulierung«, um die wichtigste seelische Leistung in der menschlichen Entwicklung zu beschreiben. Triangulierung ist die Herstellung eines Dreiecks, genauer: das Auffinden eines Dritten, einer Möglichkeit zwischen Idealisierung und Entwertung, zwischen dem Glauben, dass es eine gänzlich gütige Mutter gibt, mit der eine ideale Beziehung möglich ist, und der Verzweiflung, dass jeder von uns ein Einzelkämpfer ist, der nur durch Machtausübung und Misstrauen überleben kann.

In der Führungslehre hat Machiavelli lange darüber diskutiert, ob es für den Fürsten besser ist, geliebt oder gefürchtet zu werden. Er kam zu dem Ergebnis, dass Liebe allein schlechter ist als Furcht allein, dass aber die Verbindung von Liebe und Furcht besser ist als Furcht allein.[34] Das ist die Triangulierung der Macht, und sie hängt ebenfalls von einem klugen Umgang mit den unweigerlichen Enttäuschungen der Sehnsucht nach einer idealen Elterngestalt ab.

Machiavelli fordert, dass der Fürst diese Enttäuschung möglichst früh und möglichst nachdrücklich vornehme. Damit weist er auf einen Fehler hin, den viele Leiter machen, wenn sie ihre Position erreicht haben: Sie versuchen, mit dem Idealbild der guten Elterngestalt identifiziert, möglichst viel zu geben, sie räumen Vorrechte ein, schaffen Erleichterungen, verteilen Gehaltserhöhungen und rechnen mit Dankbarkeit – wie viel höher sind sie doch zu schätzen als ihre Vorgänger.

Nachdem sie sich derart verausgabt haben und nichts mehr da ist, was sie verteilen und womit sie sich die Liebe ihrer Mitarbeiter erkaufen können, geraten solche »Fürsten« in eine tiefe Krise. Ihr Entgegenkommen wird ihnen nicht gedankt, sondern sie haben Ansprüche geweckt, deren vollständige Erfüllung auf Anarchie hinauslaufen würde. Sie haben nicht nach dem Einsatz, der Leistung und dem Nutzen ihrer Mitarbeiter für die gemeinsame Aufgabe verteilt, sondern diejenigen befriedigt, die am besten betteln und schmeicheln konnten. Schließlich haben sie alle gegen sich: die Gierigen, weil der zur Melkkuh aufgebaute Leiter nichts mehr abzugeben hat, und die Tüchtigen, weil sie nicht einsehen, weshalb ihnen die Gierigen vorgezogen wurden.

Folgerichtiger handelt der Leiter, welcher zunächst alle Privilegien abschafft und seinen Mitarbeitern alle Vergünstigungen wegnimmt, die nicht unmittelbar notwendig für die Unternehmensziele sind. Auf diese Weise gewinnt er Ressourcen, die er nun gezielt einsetzen kann, um seine Mitarbeiter nach ihren Verdiensten für die Sache zu belohnen. Mit den Qualitäten von Sparsamkeit und Freigebigkeit verhält es sich ähnlich wie mit Furcht und Liebe: Wer sparsam ist und nicht zurückzuckt, sobald ihm Geiz nachgesagt wird, hat immer etwas abzugeben; wer hingegen aus Angst, für geizig gehalten zu werden, seine Ressourcen verschwendet, wird schließlich aus Not zum Geiz gezwungen.

Diese Dynamik lässt sich besonders gut an einer elementaren Ressource zeigen: der Zeit. Wer sich seine Zeit gut einteilt und immer etwas für sich zurückbehält, wird schließlich viel entspannter arbeiten als jemand, der seine Zeit jedem verspricht, bis er schließlich dauernd in Hetze ist und für nichts und niemanden mehr »richtig« Zeit hat.

Die Sehnsucht nach der idealen Elterngestalt und die verborgene Identifizierung mit ihr führen dazu, dass Macht- und

Geldfragen zu Beginn einer Zusammenarbeit häufig im Unklaren gelassen werden, wenn beide Parteien noch einander vertrauen, sich hoch schätzen und den Eindruck vermeiden möchten, misstrauisch, skeptisch, geizig und auf ihren Vorteil bedacht zu sein.

Bei angehenden Therapeuten ist es beispielsweise eher die Regel als die Ausnahme, dass sie eine Behandlung beginnen, ohne vorher geklärt zu haben, dass sie für eine begrenzte Zeit und gegen Bezahlung zur Verfügung stehen. Wenn dann Patienten zu spät kommen und erwarten, dennoch die ganze vereinbarte Zeit bleiben zu können, wenn sie wegbleiben und nicht für die ausgefallene Stunde bezahlen wollen, wenn sie zwischen den Stunden anrufen oder erwarten, dass ihnen am Sonntag ein Nottermin eingeräumt wird, erlebt der Therapeut das als Zumutung.

Die Wut der Patienten, wenn er solche Leistungen verweigert, empfindet der Therapeut als Undankbarkeit. Auch der Berater macht sich nicht beliebt, wenn er hier feststellt, dass nicht der Patient, sondern der Therapeut problematisch handelt. Aber ohne die Bereitschaft, sich unbeliebt zu machen, gibt es keine kompetente professionelle Arbeit und auch keine Leitung.

Wie gefährlich das Liebesbedürfnis des Mächtigen ist, zeigt keine Geschichte anschaulicher als die von König Lear. Sie ist viel älter als Shakespeares Tragödie; ihre erste Fassung erzählt Geoffrey of Monmouth in seiner Geschichte der britischen Könige (um 1135). Ihr Held ist ein König Leir, der drei Töchter hat, von denen ihm die jüngste, Cordeilla, besonders nahe steht. Um die Töchter auf die Probe zu stellen und sein Reich gerecht zu verteilen, legt er diesen die Frage vor, welche von ihnen ihn am meisten liebt. Die beiden älteren, Gonerilla und Regan, überbieten sich in Beteuerungen. Die jüngste Tochter aber ist empört darüber, wie sehr sich ihr Vater durch diese Schmeichelei beeindrucken lässt. Sie sagt: Nur im Scherz könne man etwas sagen, das die Liebe zum Vater steigere; die Liebe, die er bereits besitze, sei ohnehin die höchste und würdigste. Leir zürnt ihr und enterbt sie. Cordeilla gewinnt aber trotz ihrer Armut die Liebe des Königs von Frankreich und wird seine Frau.

Als Leir alt geworden ist, erben seine Schwiegersöhne das Reich. Der alte König lebt zuerst bei Gonerilla, aber sie will ihm seinen Hofstaat auf dreißig Ritter kürzen, worauf er empört zu Regan zieht. Sie schränkt ihm nach einem Jahr den Hof auf fünf Ritter ein; als Leir zu Gonerilla zurückkehrt, soll er sich mit einem einzigen Ritter begnügen. Daraufhin reist er zu Cordeilla, die ihn mit allen Ehren aufnimmt und deren Mann ihm sein Reich zurückerobert.

In den vielen Varianten dieser Geschichte über den Herrscher, der durch sein Liebesbedürfnis korrumpiert wird, schwanken die Autoren zwischen einer moralischen Fabel mit glücklichem Ausgang (Cordelia sorgt dafür, dass ihr Vater die verdiente Ehre findet) und einer Tragödie, in der Lear, Cordelia und die treulosen Schwestern untergehen.

Was wir Heutigen aus solchen Erzählungen lernen können, ist der weise Umgang mit den irrationalen Bedürfnissen der Macht. Diese ist in den modernen Rechtsstaaten nicht mehr irrational definiert: Über allen steht das Gesetz, und dieses ist für alle gleich. Es gibt natürlich zahllose Einzelbeispiele, in denen Geschick, Dreistigkeit, Reichtum oder blinder Zufall den Gesetzesbrecher davonkommen lassen. Grundsätzlich aber spielt sich Machtausübung heute in einem definierten Rahmen ab; was Machiavelli sagt, können ungebrochen nur noch Mafiabosse anwenden, Manager und Helfer hingegen müssen seine Thesen ironisch brechen, um aus ihnen lernen zu können. Dann allerdings nützen sie ihnen sehr, den Widerspruch zu verstehen, in dem sie leben, und Metaphern zu finden, welche ihre Konflikte lösbar und ihre Einsamkeit erträglich machen.

Denn der Leiter, welcher sich eine Denkerlaubnis für Intrige, Misstrauen, Verstellung, für Schmeichelei und Verrat gibt, wird bessere Möglichkeiten haben, diese unschönen Mittel des Machtkampfes zu zähmen, ebenso wie der Verliebte, welcher vor der

Heirat an die Gefahr einer Scheidung denkt, oder der Geschäfts-partner, welcher zu Beginn des gemeinsamen Unternehmens klärt, wie Einsatz, Arbeit und Verdienst verteilt werden. Machiavelli vergleicht diese Klugheit mit der Fähigkeit des guten Arztes, Krankheiten zu erkennen, ehe sie vollständig ausgebrochen sind.

Viele Probleme in menschlichen Beziehungen sind leicht zu beheben, wenn sie noch schwer zu erkennen sind. Sobald sie jeder sieht, lassen sie sich nur noch schwer behandeln. Der liebesbedürftige Helfer wird, ebenso wie der liebesbedürftige Leiter, zunächst versuchen, Entwertungen seiner Arbeit oder seiner Person zu übersehen und schlechte Mitarbeit nicht zu benennen: Er will nicht kleinlich, er darf nicht misstrauisch sein.

Daher verbirgt er seinen Ärger, erleichtert den Faulen ihr Leben, indem er an ihrer Stelle die Arbeit tut und hofft, sie durch sein Beispiel mitzureißen (»Mir macht das keine Mühe, und wenn ich ihm abends zeige, wie es richtig ist, wird er sich am nächsten Tag ein Beispiel nehmen.«). Der Lehrer »übersieht« die Störer in der Klasse, der Therapeut »akzeptiert« die Ausreden des Alkoholikers, der Manager überarbeitet heimlich die Vorlagen seiner Mitarbeiter. Sie alle hoffen, auf diese Weise beliebt zu bleiben, und finden sich schließlich verachtet. Burnout ist die unausweichliche Folge: Der frustrierte Lehrer verfällt dem Alkohol, der frustrierte Therapeut schwört sich, nie wieder einen Alkoholiker zu behandeln, der überarbeitete und ineffektive Manager wird von seinem Vorgesetzten in den Ruhestand komplimentiert.

Dabei spielen unbewusste Rückkopplungsmechanismen eine wichtige Rolle. Das Bedürfnis, von möglichst allen Menschen bewundert und geliebt zu werden, hängt in der Regel mit einer Schwäche des eigenen Selbstgefühls und der Überzeugung zusammen, selbst lieben zu können. Darin steckt auch die Weisheit der Botschaft Cordelias: Wenn der Vater die »normale« Liebe nicht erkennt, weil er sie selbst nicht spürt, ist ihm mit »übernormalen« Liebesbeteuerungen und Schmeicheleien nicht zu helfen.

Es gibt Schmeichelei von unten nach oben und von oben nach unten. Der Schüler, der sich bei dem Lehrer »einschleimt«, ist die eine Seite der Medaille; der Lehrer, der nicht gerecht zensiert, sondern seine Lieblinge bevorzugt, die andere. So zu tun, als ob etwas gut (ideal) wäre, trotz warnender Signale zu verleugnen, dass es das nicht ist, enthält das Prinzip der Schmeichelei, auch wenn es von oben kommt. Daher wird der Leiter, der fähige Mitarbeiter nicht wirklich schätzt und anerkennt, am ehesten in Versuchung geraten, Fehler zu übersehen und Leistungen zu schönen. Der Therapeut, der sich kein Scheitern erlauben kann, ist am wenigsten in der Lage, den Alkoholiker rechtzeitig mit seiner Sucht zu konfrontieren und ihm klar zu machen, dass ein Fortgang der Therapie nicht möglich ist, wenn er weiter trinkt. Wo das neurotische Liebesbedürfnis vorherrscht, heißt es: »Wenn du mich lieben würdest, würdest du mich nicht kritisieren!« Realistisch ist: »Gerade weil ich dich achte, kann ich diese Un-klarheit nicht zulassen, ob wir noch gemeinsame Ziele haben oder nicht.«

Wachstum und Krise:
Entwicklungsbedingungen des Selbstgefühls

Warum entwickelt sich die Leistungsfähigkeit mancher Führungskräfte kontinuierlich, während andere zu Einbrüchen und Krisen neigen? Warum reagieren Menschen trotz äußerlich ähnlicher Ausbildung und Begabung so unterschiedlich auf Erfolg und Misserfolg, dass die einen beides gleichmütig und realistisch verarbeiten, andere aber vom Erfolg in eine gefährliche Selbstüberschätzung, vom Misserfolg in eine nicht weniger bedrohliche Depression gestürzt werden?

Wir haben die narzisstische Entwicklung durch das Modell der gestützten Grandiosität veranschaulicht. Um die oben genannten Unterschiede zu begreifen, ist es sinnvoll, dieses Modell durch eine soziale Perspektive zu ergänzen.

Kulturelle und soziale Umwelt, ethnische und familiäre Herkunft spielen eine wichtige Rolle in der Entwicklung des Selbstgefühls. Sie tragen dazu bei, dass ein relativ festes Gebilde entsteht, das durch stabile Stützen gesichert ist, oder aber eine sehr anfällige Konstruktion, die nur unter optimalen Umständen funktionsfähig bleibt.

Um den sozialgeschichtlichen Hintergrund besser zu verstehen, müssen wir uns die enorm gesteigerte Mobilität der Moderne verdeutlichen. Sie ist mit einer Vielfalt von Situationen verknüpft, in denen Realität und Fantasie ihre klaren Grenzen verlieren und ineinander diffundieren. Ein Jugendlicher heute verbringt viele Stunden seiner Zeit damit, Geräte wie Mobiltelefone oder Fernsteuerungen zu bedienen, mit deren Hilfe er räumliche und zeitliche Grenzen auf Knopfdruck überwinden kann; erwünschte, spannende Bilder tauchen auf, Kontakte entstehen scheinbar mühelos, unerwünschte Bilder oder unerwünschte Kontakte können weggezappt werden. Ein Jugendlicher im Jahr 1900 hat vermutlich ebenso viel oder mehr Zeit mit körperlicher Arbeit in einer damals noch vorwiegend agrarischen Gesellschaft verbracht. Verglichen mit dieser Vergangenheit, die in vielen Kulturen und Familien noch Gegenwart ist und Strukturen geschaffen hat, mischen sich in die Familiendynamik der entwickelten, arbeitsteiligen Gesellschaft viele virtuelle Elemente, die oft gerade dann destabilisierend wirken, wenn sie in jähen Brüchen auftreten.

Viele Realitäts- und damit Stabilitätsverluste im Aufbau des Selbstgefühls wurzeln in der familiären Dynamik. Hier ein Beispiel aus dem Coaching eines technisch hoch begabten, aber wegen einer heftigen Depression fast arbeitsunfähigen Entwicklungsingenieurs, der ein Produktionsteam führen sollte.

Dieser Mann war der jüngste Sohn eines Bauern, welcher nach einem schweren Unfall – er stürzte vom Heuboden – nicht mehr in der Lage war, die in seiner bisherigen Tätigkeit nötige körperliche Arbeit zu leisten. Es gelang dem Vater, aus dieser Not eine Tugend zu machen. Er engagierte sich in der Politik, wurde in verschiedene Ämter gewählt und arbeitete als Krönung einer steilen Karriere schließlich als Landrat. Der Klient ist das einzige in der Zeit seiner Landratstätigkeit geborene Kind, fünfzehn Jahre jünger als der älteste Bruder, acht Jahre jünger als seine Schwester. Auch der ältere Bruder ist sehr erfolgreich, er hat ein großes Unternehmen aufgebaut. Die Schwester starb bei einem Unfall, als der Klient in die Pubertät kam.

Seine Krise hatte mehrere Ursachen. Einmal hatte er sich von einer liebevollen, aber unscheinbaren Freundin getrennt, um eine Beziehung zu einer Frau zu beginnen, die er als »schön wie ein Model, aber absolut unzuverlässig« beschrieb; diese Beziehung endete nach einigen Streitigkeiten kurz vor der Krise.

Der zweite Anlass war eine gescheiterte Investition; der Klient hatte eine als Steuersparmodell angebotene Immobilie gekauft,

um »richtig« mit seinem recht hohen Jahreseinkommen umzugehen. Jetzt stellte sich heraus, dass keines der Versprechen, mit
denen ihn der Makler geködert hatte, realistisch gewesen war.
Er befürchtete daher Verluste, Ärger mit den Mietern, steigerte
sich in Beschädigungsängste hinein und konnte sich nicht verzeihen, so dumm gewesen zu sein, den Braten nicht von Anfang
an gerochen zu haben.

Der dritte Auslöser der Krise war eine Kritik seines Chefs: Er
habe sich mehr von ihm erwartet, die Produktion laufe zu lang-
sam, sie sei immer noch zu kompliziert angelegt, die angestreb-
ten Ziele vereinfachter, verschlankter und kostengünstigerer
Produktionsprozesse seien nicht erreicht. Könnte es sein, dass
der neue technische Produktionsleiter zu konziliant sei, zu wenig energisch, um sein Konzept durchzusetzen?

Diese Kritik war freundlich vorgetragen; es konnte keine
Rede davon sein, dass der Klient abgemahnt oder mit Konsequenzen für seinen mangelnden Erfolg bedroht worden wäre. Er
selbst freilich fühlte sich vernichtet, entwertet, wollte nicht mehr
an den Arbeitsplatz und ließ sich zunächst krankschreiben.

Norbert ist ein großer, gut aussehender Mann, der jünger
wirkt als seine 36 Jahre. Er beschreibt seinen Zustand: »Ich
fühle mich wie gelähmt, habe zu nichts mehr Lust, kann mich
nicht aufraffen, meine Wohnung aufzuräumen. Ich müsste etwas
tun, um den Streit mit den Mietern der Wohnung zu klären, die
ich gekauft habe, einen Anwalt anrufen. Dann sitze ich stunden-
lang vor dem Briefwechsel, neulich habe ich schließlich angefangen zu heulen, weil ich einfach nicht weiterkam damit. Das
Leben ist eine Qual, und ich denke oft daran, mich umzubrin-
gen. Wenn ich in die Firma muss, um etwas ganz Dringendes zu
machen, dann geht es besser. Wenn Leute neben mir arbeiten,
kann ich auch etwas tun. Am liebsten hätte ich, dass jemand neben mir ist und mir den ganzen Tag sagt, was ich machen soll.«

In diesen Äußerungen zeigt sich eine mittelschwere Depression; aber sie verraten auch ein Stück sozialgeschichtlicher Ent-

207

wicklung: Norbert hat verloren, was sein Bruder und sein Vater noch erlebten: die strenge, einfache Regelung von Anstrengung und Erfolg in der »klassischen« menschlichen Arbeit, dem bäuerlichen Leben (»Im Schweiße deines Angesichtes sollst du dein Brot verdienen.«). Dieser Verlust ist in seiner Sehnsucht formuliert, eine Welt um sich zu haben, in der alle Forderungen an seine Leistungsfähigkeit einfach, übersichtlich, sinnlich fassbar sind, wo alle Erfolge sichtbar werden und kein Raum für das quälende Gefühl ist, »noch nie richtig gearbeitet zu haben«, »eigentlich ein Hochstapler zu sein, den Leute nur einstellen und befördern, weil sie keine Ahnung davon haben, wie er wirklich ist«.

In Norberts Familie ist der Übergang von der traditionellen, bäuerlichen Welt in die Industriegesellschaft mit den virtuellen Welten ihrer Führungsetagen in kürzester Zeit vollzogen worden. Seine Eltern und sein großer Bruder haben den Bauernhof noch bewirtschaftet; er selbst wuchs als Sohn des Landrats auf, der Hof war längst verpachtet, ein stattlicher Bungalow in bester Wohnlage bezogen. Die Eltern und der Bruder haben diese Strukturverluste durch innere Strukturen kompensieren können, die sie inzwischen aufgebaut hatten; Norbert (und vielleicht seine Schwester) waren dazu nicht in der Lage.

Im Lauf der Rekonstruktion seiner Berufsbiografie erzählte Norbert von einem frühen Wunsch, Priester zu werden und durch besondere Frömmigkeit seine Mutter zu trösten, die mit ihrer Rolle als Landratsfrau überfordert war und die häufige Abwesenheit ihres Mannes depressiv verarbeitete.

Er entwickelte als Neunjähriger Zwangssymptome, dachte zum Beispiel vor dem Einschlafen daran, er müsse, um der Mutter zu helfen, den großen Küchentisch abwischen, stand dann tatsächlich auf, um den Tisch wieder und wieder abzuwischen. In ähnlicher Weise wusch er seine Socken, um die Mutter zu unterstützen. Nach der Beichte dachte er sich besondere Bußen aus, die weit über das hinausgingen, was der Beichtvater von ihm verlangte. Als er der Mutter einmal davon erzählte, war sie davon so betroffen, dass sie mit ihm zum Pfarrer ging, der dem Kind riet, sich doch an die kirchlichen Regeln zu halten und sie nicht überzuerfüllen.

Während reale Erfolge körperlichen und geistigen Bemühens die Stützen unseres Selbstgefühls ebenso festigen wie befriedigende Austauschverhältnisse zu anderen Menschen, wachsen Menschen wie Norbert in einer virtuellen Welt auf. Sie sind etwas Besonderes – der jüngste Sohn des Landrats –, ohne zu begreifen, warum. Ihre Erfolge sind nicht von ihnen gemacht, sondern von einem Größeren, Stärkeren, den sie selbst nicht erkennen, in den sie sich nicht einfühlen können.

Norberts narzisstische Instabilität hing sicher auch damit zusammen, dass er von der seelischen Realität seines Vaters eigentlich nichts erfuhr. In Krisen wurde er mit Sprüchen abgefertigt, die bereits in der NS-Zeit kursierten: »Sei ein Ganzes, und wenn du das nicht sein kannst, sei Teil eines Ganzen!«

Norberts Vater war von seinem politischen Erfolg überfordert. Er kompensierte seine Defizite an Souveränität durch rastlosen Einsatz nach außen und heftigen Druck auf die Familie. Sie sollte unbedingt perfekt funktionieren und weder ihm zusätzliche Probleme noch politischen Gegnern Angriffsflächen bieten.

Norberts Mutter liebte ihren Sohn sehr, behütete ihn ängstlich und hätte ihn am liebsten immer bei sich behalten. Vom Vater war sie enttäuscht, aber sie klagte nicht, sondern stürzte sich in die Hausarbeit; Norberts Putzzwänge verraten eine Identifizierung mit der bevorzugten Abwehr seiner Mutter. Auch der Plan, katholischer Priester zu werden, steht dem Mutterkomplex nahe: Der Zölibat garantiert, dass er der Mutter für immer treu bleibt.

Wer Leistungs- und Selbstwertkrisen von Führungskräften untersucht, findet oft einen familiären Hintergrund, in dem eine realitätsorientierte und stabile narzisstische Entwicklung erschwert wurde. Bei Norbert ist es die Rolle als Sohn des Landrats; sein großer Bruder, der Sohn des Bauern, aus dem dann der Landrat wurde, ist sehr viel stabiler; er muss nicht kleine Erfolge entwerten und über Kompromissen verzweifeln. Während Norbert in jedem Detail nach Perfektion und Erfolg sucht, ist der Bruder oft damit zufrieden, dass er eine Sache erledigt hat, nicht ganz gut, aber auch nicht ganz schlecht, gut genug, um weiterarbeiten zu können.

In einem anderen Fall waren die Söhne eines Unternehmers von ihrem Vater auf grandiose Rollen festgelegt worden, die seine Geltung steigern mussten. Der Vater hatte am Esstisch Nobelpreise, Ordinariate und Ministerposten zu vergeben. Seinen vier Söhnen war genau vorgeschrieben, in welchem Fach sie diese erreichen sollten. Aus winzigen Anzeichen wie einer guten Note oder einer hübschen Kinderzeichnung wurden ein großer Architekt, ein Nobelpreisträger für Physik, ein Wirtschaftsführer und ein Politiker geschaffen.

Die Söhne strebten auch tatsächlich diese Karrieren an und hatten sogar einige Anfangserfolge. Aber nur einer konnte seine berufliche Laufbahn stabilisieren. Zwei erkrankten an schweren depressiven Zuständen und mussten Psychopharmaka nehmen, einer hatte sich habilitiert, dann aber seine Hochschulkarriere abgebrochen und eine Tankstelle gepachtet.

Der Zeitpunkt solcher Einbrüche lässt sich verstehen, wenn wir das gesamte Umfeld prüfen und auch berücksichtigen, dass Defizite in einem Gebiet der narzisstischen Versorgung eine Weile durch besondere Anstrengungen in anderen Gebieten kompensiert werden können. Das Selbst handelt wie ein Landwirt, der angesichts einer Dürrekatastrophe, welche seine Getreideernte vernichtet und seinen Viehbestand dezimiert, einen Wald abholzt, der zum Betrieb gehört, und auf diese Weise den Verlust noch ein oder zwei Jahre kompensieren kann. Solche Lösungen sind riskant, weil sie die Belastbarkeit des Betriebs schwächen – denn der Landwirt hat in der nächsten Krise keine

Reserven mehr. Und sie führen auch dazu, dass für Außenstehende, welche die Interna nicht erforschen, der Zusammenbruch des Betriebs schwer erklärbar ist – hat er nicht eine größere Dürre als die gegenwärtige vor einigen Jahren problemlos bewältigt?

Ähnlich hängen narzisstische Krisen im Beruf sehr häufig damit zusammen, dass der berufliche Erfolg, die Anerkennung durch Vorgesetzte und Kollegen schon längere Zeit ein durch andere Defizite gefährdetes Gleichgewicht festigten. In dieser Situation wird ein sonst harmloser Einbruch an Erfolgserlebnissen, der von einer narzisstisch gut versorgten Person zwar als Kränkung erlebt, aber verarbeitet werden kann, zur Katastrophe. Norbert hat sich dadurch, dass er die Beziehung zu einer liebevollen Freundin aufgab, in eine gefährliche Situation gebracht.

Vielleicht handelte er schon aus einem Gefühl heraus, dass er nicht männlich und erfolgreich genug sei; ein Siegertyp und hochkarätiger Manager braucht schließlich eine Frau neben sich, bei deren Anblick auf einer Firmenveranstaltung seine Rivalen vor Neid platzen. Als sich herausstellte, dass die neue, attraktive »Model-Frau« seine Bedürfnisse nach Zärtlichkeit, Nähe, Bestätigung und Zuwendung unerfüllt ließ, war Norbert nicht in der Lage, seinen Fehler einzusehen und zu seiner alten Freundin zurückzukehren. Sie ist nach wie vor seine Vertraute, der er sein Herz in seinem Kummer ausschüttet, aber als Partnerin kommt sie für ihn nicht mehr in Frage. Er müsste schließlich allen Stolz opfern und zu Kreuze kriechen, wenn er sich wieder auf eine Beziehung zu ihr einlassen würde (und kann hinter dieser scheinbar arroganten Haltung seine Angst verbergen, dass sie längst aufgehört hat, ihn attraktiv zu finden).

Derart angeschlagen konzentrierte sich Norbert auf seine Arbeit und stellte sich darauf ein, erst einmal nur für sich selbst zu sorgen. Aber war er dazu überhaupt in der Lage? Die Antwort auf diese quälende Frage ergab sich aus dem Scheitern seiner

Pläne, durch eine geschickte Immobilienspekulation Steuern zu sparen und Kapital zu bilden. Es rächte sich, dass Norbert zwar viel Geld haben und Vermögen anhäufen, aber sich nicht um die kaufmännischen Einzelheiten kümmern wollte; seine technische Arbeit interessierte ihn viel mehr.

Daher hatte er sich auf einen Berater verlassen, der ihm empfohlen worden war, sich jetzt aber mit Ausreden aus der Affäre zog, die Schuld auf unzuverlässige Vertragspartner schob und mit dem Versprechen, durch einen Prozess einen Teil der Investition zu retten, Norbert in einen neuen Konflikt stürzte: Sollte er diesem Mann noch trauen oder noch mehr Geld ausgeben, um das gesamte Geschäft durch einen eigenen Anwalt überprüfen zu lassen?

In dieser Situation konnte Norbert keinerlei Kritik an seinen Leistungen als Manager mehr akzeptieren. Er war nicht mehr in der Lage, den realistischen Teil dieser Kritik, den er in anderen Zeiten durchaus annehmen konnte, von der vollständigen Entwertung zu trennen, die er jetzt erlebte. Er wusste wohl, dass ihm Führungsaufgaben weniger lagen als die Planung und die Suche nach kreativen technischen Lösungen, neuen Materialien und ökonomischeren Fertigungsprozessen. Er wusste, dass es nicht seine Stärke war, Nein zu sagen, wenn ein Mitarbeiter Privilegien beanspruchte. Er arbeitete lieber selbst, als andere zu besseren Leistungen zu bewegen und Mitarbeiter anzugehen, welche die Kooperation im Team blockierten oder sich seinem Konzept verweigerten. Aber als sein Chef ihm genau diese Rückmeldungen gab und seine Enttäuschung formulierte, brach Norbert zusammen.

Die stabile narzisstische Struktur erträgt Stärken und Schwächen der eigenen Person. Sie kann beide bewusst halten, sie weitgehend akzeptieren und die Vorzüge der eigenen Person auch neben ihren Mängeln wahrnehmen. Eine labile narzisstische Struktur erkennt man unter anderem daran, dass ihre inneren Spannungen so groß sind, dass sie schon bei der leisesten Kritik von außen aus dem Gleichgewicht gerät. Sie muss diese mit Mitteln bekämpfen, die »verrückt« wirken, wenn sie sehr ausgeprägt auftreten.

Daher die große Bedeutung der Anerkennung für alle Beziehungen – und die Angst vieler Menschen, andere anzuerkennen, weil sie fürchten, dann als Schmeichler zu gelten. Schmeichler sind Betrüger, die Anerkennung spenden, um verborgene Zwecke zu verfolgen. Aber jedes Lob, jede ausgesprochene Anerkennung an Dritte, jedes freundliche Wort als Schmeichelei zu verdächtigen, ist ein sicheres Kennzeichen der narzisstischen Störung. Die Dynamik im Hintergrund entspricht jener der Magersucht: Auch hier verweigern Menschen die Nahrung, weil sie einen immensen Hunger verspüren, den sie an sich nicht akzeptieren können.

Anerkennung, Wahrnehmung, Bestätigung sind ein grundlegendes Bedürfnis aller normalen Menschen. Jede vernünftige Regelung menschlicher Zusammenarbeit wird sie akzeptieren. Ein Klima solcher »selbstverständlicher«, zum durchschnittlich höflichen Verhalten gehörender Bestätigungen herzustellen und aufrechtzuerhalten, ist ein zentrales Element einer professionellen Führung.

Nun gibt es viele Manager, die in diesem Punkt kein Vorbild sind, sondern eher berüchtigt dafür, dass sie nichts und niemanden gelten lassen, dass sie jede Gelegenheit zur Kritik nutzen und sich auch noch etwas darauf einbilden, dass ihr Lob eben darin liegt, jemanden mit ihren Entwertungen zu verschonen. Dennoch haben sie Erfolge.

Dadurch ist freilich nichts bewiesen. Zweifellos lassen sich Menschen durch Angst motivieren. Ein Manager, der seine Mitarbeiter ängstigen kann, wird erfolgreicher sein als ein Manager, der Angst vor Liebesverlust hat und deshalb auch dann nicht aggressiv reagieren und Angst einflößen kann, wenn es für die Ziele des Unternehmens notwendig ist.

Temperament kann oft nicht ohne Verluste an Spontaneität

und Kreativität gezügelt werden; dem temperamentvollen Leiter, der auch einmal die Fassung verliert, schreit und droht, sieht man ein Stück Entgleisung nach, wenn er auch besonders liebevoll und engagiert mit Mitarbeitern umgeht, die sich als tüchtig erweisen, und das Ganze energisch nach innen wie nach außen vertritt.

Das sollte jedoch nicht darüber hinwegtäuschen, dass jede Kränkung das Gefahrenpotenzial in menschlichen Beziehungen erhöht. Es gibt kaum eine dümmere Aussage über menschliches Verhalten als die, dass Menschen durch Kränkungen reifen und sich entwickeln. Im Gegenteil: Sie werden auf diese Weise entmutigt und blockiert. Wir entwickeln uns durch wohlwollende Kritik, durch Anerkennung dessen, was wir getan haben, und Hinweise darauf, was wir noch tun könnten, um das Ergebnis zu verbessern.

Schluss

Bücher über Helferthemen haben die bald dreißig Jahre begleitet, die ich mit der Ausbildung von Gruppenleitern, Supervisoren und Therapeuten beschäftigt bin. Wenn ich zurückschaue, arbeite ich heute professioneller und zugleich weniger theorieorientiert. Je nach Stimmungslage sehe ich darin eine Befreiung oder ein Versagen.

Es ist keineswegs so, dass ich meine Theorien vergessen habe – ich überschätze sie nur nicht mehr, ich habe entdeckt, dass sie nur kleine Ausschnitte der Wirklichkeit erfassen und zu Irrtümern führen, wenn ich ihre Möglichkeiten zu sehr ausweite. Wenn ich angehende Berater supervidiere, bemerke ich doch, wie viel ich ihnen erkläre, wie nützlich die Theorie ist, um Erfahrungen zu ordnen, Irrtümer zu verstehen, Fehler zu beurteilen – und wie schnell sie an Grenzen stößt, wenn es um Kreativität in der Arbeit am Einzelfall geht.

Was wollte ich in diesem Buch vermitteln? Mir fällt am ehesten ein: den Blick schärfen für das Unbewusste, für den kindlichen Kern in uns, der nach Grandiosität sucht und mit der sozialen Umgebung in die verschiedensten Wechselwirkungen tritt – konstruktive wie destruktive. Wer seine Bedürfnisse nach Macht und Grandiosität weder verleugnen noch um jeden Preis durchsetzen muss, wird sich am Höhepunkt seiner Karriere nicht überschätzen und an ihrem Tiefpunkt nicht verzagen. Er hat einen narzisstischen Kern gefunden, der ihm hilft, sein Gleichgewicht zu finden und zu halten.

Anmerkungen

[1] Vgl. Ulrich Beck: Risikogesellschaft. Auf dem Weg in eine andere Moderne. Frankfurt 1985.

[2] So lautet der Titel des Hauptwerkes von Thomas Hobbes.

[3] Ich verwende im Folgenden die Ausdrücke »Leiter«, »Führer« und »Manager« synonym; sie haben alle sehr ähnliche Inhalte, auch wenn sie verschiedenen Sprachfeldern entspringen und die Vokabel »Führer« durch den Nationalsozialismus kontaminiert ist.

[4] Laurence J. Peter und Raymond Hull: Das Peter-Prinzip oder Die Hierarchie der Unfähigen. Reinbek 1970.

[5] Reportage von Peter Morner in ›Die Woche‹ vom 1.3.1996, S.16.

[6] a.a.O.

[7] Nach einer Anekdote suchte ein faschistischer Amtsträger, zu Besuch im annektierten Äthiopien, während eines Überfalls der Patrioten auf seinen Zug unter einer Sitzbank Deckung und schrie: »Ich dachte, wir hätten dieses Land erobert!«

[8] Vgl. Wolfgang Schmidbauer: Jetzt haben – später zahlen. Die psychologischen Probleme der Konsumgesellschaft. Reinbek 1996. Ders.: Der Mensch als Bombe. Eine Psychologie des neuen Terrorismus. Reinbek 2003.

[9] Günter Scheich: »Positives Denken« macht krank. Vom Schwindel mit gefährlichen Erfolgsversprechen. Frankfurt 1997.

[10] Ausstellungskünstler – Kult und Karriere im modernen Kunstsystem. Köln 1997.

[11] Anspielung auf die zweite Szene, erster Aufzug der ›Zauberflöte‹.

[12] Eine spitzfindige Betrachtungsweise könnte freilich unterstellen, dass der Pharisäer sich selbst entwertet, weil er sich über Menschen erhebt, die seinen formalistischen Ansprüchen nicht genügen, aber eben auch Menschen sind.

[13] Eine erste, hier umgearbeitete Fassung erschien in: Organisationsberatung – Supervision – Clinical Management, 2/1997, S. 175–187.

[14] In allen Fallbeispielen sind Einzelheiten chiffriert.

[15] Niccolò Machiavelli: Il Principe. Der Fürst. Hrsg. u. übers. v. Philipp Rippel. Stuttgart 1986, S. 57.

[16] Jüdisches Märchen. Gekürzte Nacherzählung der Fassung in Micha Josef bin Gorin: Der Born Judas. Wiesbaden 1959, S. 412 f.

[17] Laurence J. Peter und Raymond Hull: Das Peter-Prinzip oder Die Hierarchie der Unfähigen. Rowohlt 1970.

[18] Therapeuten, die eine Leitungsrolle übernehmen, haben oft größte Schwierigkeiten, etwas abzuschlagen. Sie gefährden dann ihre Autorität und die Zusammenarbeit im Team, indem sie etwa bei einem Streit jedem der Streitenden im Zweiergespräch Recht geben oder bei der Vergabe von begehrten und begrenzten Gütern, wie einem schönen Zimmer oder einer Höhergruppierung, zweien etwas zusagen, was es nur einmal gibt.

[19] Vgl. Wolfgang Schmidbauer: Der Berater als Vitamin. Der Umgang mit narzisstischen Bedürfnissen in der Supervision. In: Forum Supervision, März 1999, Jg. 7, Nr. 13, S. 72.

[20] Fauler Atem und belegte Zunge sind die ersten Symptome; später blutet das Zahnfleisch, die Zähne lockern sich und fallen aus, überall am Körper entstehen Blutergüsse, die Stimmung ist gedrückt, die Kraft schwindet. – Noch im 18. Jahrhundert wurde Skorbut in der britischen Marine praktisch ausgerottet, weil alle Seeleute täglich Zitronensaft erhielten. Sehr viel später wurden die ersten Vitamine entdeckt; in der ›Encyclopedia Britannica‹ von 1911 wird noch diskutiert, ob der Gemüsemangel oder ein Gift in gesalzenem Fleisch für Skorbut (»scurvy«) verantwortlich sei.

[21] Dieses Kapitel stützt sich in Teilen auf den Beitrag: Konflikte und Entwicklungen an der Grenze von Ehrenamt und Profession. In: Harald Pühl (Hg.): Supervision und Organisationsentwicklung. Opladen 1999, S. 165–180.

[22] Marianne Gumpinger: Das soziale Ehrenamt und sein Verhältnis zur Supervision. In: Organisationsberatung – Supervision – Clinical Management, 4/1996, S. 305–323.

[23] Ebd., S. 320.

[24] Sigmund Freud: Zur Einleitung der Behandlung (1913). In: Gesammelte Werke, Bd. VIII, S. 469.

[25] In einem sonst sehr gründlichen Bericht über die Motivation und Supervision der Ehrenamtlichen in der Telefonseelsorge von Michaela A. C. Schumacher taucht die Spannung zwischen den professionellen (bezahlten) Mitarbeitern und den ehrenamtlichen Helfern überhaupt nicht auf. Die latente Spannung einer bezahlten Beratungsarbeit mit unbezahlten Mitarbeitern bleibt ein Tabu.

[26] Andrea Multhaupt-Meckel: Supervision in einem Prostituiertenprojekt. In: Forum Supervision, 10/1997, S. 100–112

[27] Ebd., S. 110.

[28] Frank Duwe: Die geheimnisvolle Insel. Bemerkungen zur Organisationskultur im Krankenhaus. In: Dirk Getschmann (Hg.): Arbeitswelten von innen beleuchtet. Frankfurt 1998, S. 61.

[29] Der Grenznutzen ist ein wichtiges Prinzip in Wirtschaft und Technik, das die sinkende Wirksamkeit von Verbesserungen beschreibt. Zum Beispiel lässt sich durch einige einfache und relativ billige Maßnahmen die Wärmeisolierung eines Gebäudes bis zu einem gewissen Grad verbessern. Für jede weitere Steige-

rung sind dann ungleich höhere Aufwendungen nötig, bis schließlich am Ende der Skala die Kosten einer winzigen Verbesserung höher sind als die Kosten einer großen Verbesserung am Anfang der Skala. Diese Gesetzmäßigkeit gilt für viele technische Optimierungen. Andere, einleuchtende Beispiele sind zum Beispiel die PS-Steigerung von Motoren, die Gewichtsersparnis von Fahrzeugen, die Verbesserung von Röntgenbildern. Sie gilt auch für Einsparungen in der Wirtschaft (zum Beispiel Kostenreduzierung) und für weite Bereiche der Psychotherapie. Überall lässt sich am Anfang einer Skala mit einfachen Mitteln und geringem Aufwand ein Nutzen erzielen, der am Ende der Skala mit elaborierten Mitteln und hohem Aufwand nur noch in Bruchteilen erreicht werden kann. Das Modell vom Grenznutzen liegt zum Beispiel der »Triage« in der Notfallmedizin zugrunde: Der Arzt teilt die Verletzten in drei Gruppen: jene, die so schwer verletzt sind, dass aufwändige Hilfe ihr Leben nicht mehr rettet; jene, die so leicht verletzt sind, dass sie warten können, und schließlich die Gruppe der dringend Behandlungsbedürftigen, bei denen die medizinische Intervention Leben retten und so ihren höchsten Wirkungsgrad entfalten kann. Die Triage wirkt zynisch. Das Konzept vom Grenznutzen wird oft verdrängt, sobald menschliche Ideale berührt werden. Es soll in der Medizin nicht gelten und wird zum Beispiel auch im militärischen (und im weiteren Sinn im militarisierten) Bereich außer Kraft gesetzt. Konstrukteure von Waffensystemen dürfen für winzigste Verbesserungen Unsummen ausgeben.

[30] Diese Regression hin zu den Schützlingen ist keine Entdeckung der Institutionsanalyse; in den Darstellungen militärischer Führung spricht man von »sich gemein machen«, in der Geschichte des Kolonialismus von »going native«, wenn zum Beispiel der europäische Missionar sich eine eingeborene Geliebte nahm. Gegen beide Gefahren wurden eigene Rituale entwickelt, deren Prinzip oft eine defensive Übersteigerung von Formen war, zum Beispiel das Dinner in Smoking und Abendkleid im Safarizelt.

[31] Romulus und Remus waren nach der lateinischen Mythologie Zwillingssöhne des Mars und einer von diesem vergewaltigten Vestalin, Rhea Silvia, Tochter Numitors, des Königs von Alba. Sie wurden ausgesetzt und von einer Wölfin genährt. Zur Stadtgründung von Rom pflügte Romulus einen Graben, um die künftige Stadtmauer vorzuzeichnen; Remus verspottete ihn, indem er über diesen Graben sprang, worauf ihn Romulus erschlug. Romulus und Remus sind ebenso wie Castor und Pollux Heroen, welche die Doppelspitze der Führung charakterisieren. Diese gibt es in vielen Mythologien, wobei Romulus und Remus Symbol der rivalisierenden, Castor und Pollux Symbol der kooperierenden Zwillinge sind.

[32] Jener römische Feldherr, der im Krieg Roms gegen Hannibal den Karthagern sehr viel mehr zu schaffen machte als alle Draufgänger vor ihm, weil er lange Zeit jede Schlacht vermied und das gegnerische Heer auf diese Weise zermürbte.

³³ Der Nimbus lässt sich besonders gut in der byzantinischen Kunst beobachten. In dieser Gesellschaft, welche das strikteste Zeremoniell der Macht in historischen Zeiten entwickelt hat, werden heilige und prominente Personen durch einen Lichtschein hervorgehoben, der entweder ihren Kopf oder ihre ganze Gestalt umgibt. Von Ostrom ausgehend spielt der Nimbus auch in der abendländischen Kunst eine Rolle; in der Heraldik umgibt er als Glorienschein Wappen-(Totem-)Tiere wie Löwe, Einhorn und Adler.

³⁴ »Doch ein Fürst ... muss maßvoll handeln, gezügelt durch Klugheit und Menschenfreundlichkeit, damit zu große Gutgläubigkeit ihn nicht unvorsichtig macht und zu großes Misstrauen ihn nicht unerträglich werden lässt. Daraus ergibt sich die Streitfrage, ob es besser ist, geliebt als gefürchtet zu werden oder umgekehrt. Die Antwort ist, dass man das eine wie das andere sein sollte; da es aber schwer fällt, beides zu vereinigen, ist es viel sicherer, gefürchtet als geliebt zu werden, wenn man schon einen Mangel an einem von beiden in Kauf nehmen muss.« Niccolò Machiavelli: Il Principe/Der Fürst. Hrsg. u. übers. v. Philipp Rippel. Stuttgart 1986, S. 129.